工业锅炉司炉工节能知识培训教材

主编　刘金山　于在海

主审　王宏新　贾胜军

东北大学出版社

·沈阳·

图书在版编目（CIP）数据

工业锅炉司炉工节能知识培训教材 / 刘金山，于在海主编．—沈阳：东北大学出版社，2008.9（2009.10 重印）
ISBN 978-7-81102-608-5

Ⅰ．工…　Ⅱ．①刘…　②于…　Ⅲ．工业锅炉—节能—技术培训—教材　Ⅳ．TK227.1

中国版本图书馆 CIP 数据核字（2008）第 142011 号

出 版 者：东北大学出版社
地址：沈阳市和平区文化路 3 号巷 11 号
邮编：110004
电话：024—83687331（市场部）　83680267（社务室）
传真：024—83680180（市场部）　83680265（社务室）
E-mail：neuph @ neupress.com
http：//www.neupress.com
印 刷 者：铁岭新华印刷有限公司
发 行 者：东北大学出版社
幅面尺寸：140mm×203mm
印　　张：6.625
字　　数：154 千字
出版时间：2008 年 9 月第 1 版
印刷时间：2008 年 10 月第 2 次印刷
责任编辑：刘乃义　　责任校对：王艺霏
封面设计：唐敏智　　责任出版：杨华宁

ISBN 978-7-81102-608-5　　定　价：20.00 元

前　言

随着《中华人民共和国节约能源法》的颁布实施，节能已经成为一项重要的工作任务。工业锅炉的节能是节能工作的一个重点领域。在这个领域中，司炉工的操作正确与否，对能否实现工业锅炉节能具有很大的影响。为了做好工业锅炉司炉工的节能培训工作，确保其具备节能基本知识与操作技能，辽宁省安全科学研究院根据辽宁省质量技术监督局的工作安排，组织有关专家编写了本书。

本书共分 10 章，主要内容为工业锅炉节能现状，工业锅炉设备知识，热力学及传热学基础知识，燃料及燃烧基础知识，工业锅炉的热效率及热损失，工业锅炉经济运行，锅炉节能管理，工业锅炉用水及排污、除垢，工业锅炉节能监测以及工业锅炉节能改造技术。

本书针对司炉工对于节能知识的需要，较详细地介绍了有关工业锅炉的节能知识。本书是工业锅炉司炉工节能培训的专用教材，也可作为与工业锅炉节能相关的检验、安装、维修、改造人员的参考资料。

本书由刘金山、于在海主编，王宏新、贾胜军主审。参加编写人员及其编写内容如下。第 1 章：于在海；第 2 章：刘晨；第 3 章：王林；第 4 章：钱玉芬、常文彦；第 5 章：刘金山、刘晨；第 6 章：常文彦、钱玉芬；第 7 章：于在海、刘晨；第 8 章：刘金山；第 9 章：刘金山、高军；第 10 章：钱玉芬。钱玉芬对全书进行了统稿。

在本书编写过程中，得到了辽宁省安全科学研究院锅炉室的李云飞、靳兵、高喜龙、朱宇环等同志的帮助，沈阳市浑南热力有限公司的陈宁同志为本书的编写提供了资料，在此一并表示感谢。

由于水平有限，加之时间仓促，本书不妥之处在所难免，恳请读者提出宝贵意见，以便不断完善。

编　者

2008 年 8 月

目　录

第 1 章 工业锅炉节能现状

1.1 工业锅炉节能的意义

当前，我国经济发展正处在繁荣期，连续 5 年 GDP 都保持 10%以上的增长速度，这是改革开放以来持续时间最长、增幅最为稳定的时期。但是，也要清醒地看到，我国的经济增长代价很大，成本很高。2006 年，我国 GDP 占世界总量的 5.5%，但是，能源消耗达 24.6 亿吨标准煤，占世界总量的 15%；钢材消耗 3.88 亿吨，占世界总量的 30%；水泥消耗 12.4 亿吨，占世界总量的 54%。这样的增长造成了严重的失衡，其中，资源的浪费与匮乏制约着经济社会的全面协调可持续发展。我国在经济社会发展第十一个五年规划中提出了两个约束性指标，即到 2010 年，单位 GDP 能耗降低 20%，主要污染物排放降低 10%。但是，2006 年这两项指标不仅没有降低，反而有所上升。节能减排形势十分严峻。

在节能降耗工作中，锅炉潜力巨大。2007 年，我国的煤炭产量为 23.3 亿吨，锅炉用煤达到 19 亿吨，其中火力发电锅炉用煤 13 亿吨，工业锅炉用煤 6 亿吨，锅炉用煤占煤炭总产量的 81%。由于我国锅炉的设计、制造、使用环节中有关节能的法规、标准不健全，使用管理水平较低，加之缺乏节能监督机制，因此锅炉热效率总体不高，能源浪费严重，尤其是工业锅炉更为突出。据抽样调查，我国燃煤工业锅炉的平均实际热效率仅为68.7%，而工业国家平均水平为80%以上。如果采取切实有效的措施，使其平均热效率提高10%，每年就可节煤6000万吨以上，折合标准煤4300万吨以上。目前，辽宁省在用工业锅炉总量约33000台，年耗煤约3000万吨，向大气排放SO_2 40万吨、烟尘50万吨、CO_2 3750万吨，向地面排放灰渣544万吨，造成了严重的环境污染。因此，工业锅炉的降耗、减排，无论是对于辽宁省还是对于全国的节约能源、保护环境，都具有极其重要的意义，是实现“十一五”规划中2010年单位GDP能耗降低20%目标的重要保证。国家“十一五”十大重点节能工程实施意见的第一项就是工业锅炉。

1.2 工业锅炉节能相关标准

在我国，有关工业锅炉节能的技术法规、标准不健全，或很长时间未修订。目前，在工业锅炉节能管理标准方面，只有《评价企业合理用热技术导则》（GB/T 3486—1993）、《工业锅炉节能监测方法》（GB/T 15317--1994）、《工业锅炉经济运行》（GB/T 17954—2007）这3个推荐性标准，缺乏强制性的产品最低能效标准(现行的JB/T 10094—2002《工业锅炉通用技术条件》只是规定了相关产品的设计热效率)来保证产品性能。况且前2个标准由于很长时间未修订，有关技术指标已不能适应当前节能工作的要求。

目前，在我国，虽然《中华人民共和国节约能源法》已经颁布实施，但缺乏相应的、统一的工业锅炉节能管理配套法规、制度。为此，建议制订下列工业锅炉节能法规和制度。

①制订类似于《锅炉安全技术监察规程》的《锅炉节能技术监察规程》，从锅炉设计、制造、运行、改造、淘汰等方面提出相应的节能技术要求；组织制订强制性《工业锅炉最低能效标准》国家标准和推荐性的《工业锅炉能效标准》，前者强制执行并要求产品认证，后者由企业自愿执行并辅之以有关激励政策；组织修订《工业锅炉节能监测方法》，提高相关技术指标要求，同时将该标准升格为强制性国家标准。

②制订《锅炉节能管理条例》，对锅炉产品设计、供热工程设计管理、供热产品制造、市场准入、使用、验收管理等方面以及节能管理部门职能、节能监测管理、节能产品认证等提出相应要求。

③制订《工业锅炉房能效评估导则与评估标准》，对工业锅炉房的能效评估等方面提出要求。制订《工业锅炉节能运行指南》，主要用于工业锅炉运行技术人员和司炉工的节能培训指导。

1.3 我国工业锅炉节能监管

目前，在我国，工业锅炉节能监督、管理机构以及相关制度、法规不健全，监督管理不力。由于节能工作涉及范围广，原来政府节能管理工作职能相对分散的局面虽然从2003年政府机构改革后有所改变，宏观能源管理的职能全部归口国家发改委，并在发改委内增设了能源局、环境和资源综合利用司(全面管理节能工作)，各地也都设立了相应的管理机构，但相应的专业节能管理支撑体系还未建立健全，也缺少配套的专业节能管理法规、制度，各级政府和终端用能单位在节能管理、节能信息、节能政策等方面还存在明显的信息不对称。就工业锅炉而言，除少数地方（如北京、甘肃、山东等）在当地《节能法实施细则》中对锅炉节能提出了相应的要求和实施办法外，我国至今还没有有关工业锅炉的节能监督管理法规、制度和专业的节能政策措施，更没有建立相应的健全的工业锅炉节能管理机构和监督机构。

1.4 逐步建立我国工业锅炉安全监察与节能监管工作模式

节能降耗是一项社会工程，需要全社会的参与。新颁布的《中华人民共和国节约能源法》第十六条规定："对高耗能的特种设备，按照国务院的规定实行节能审查和监管。"工业锅炉就属于高耗能的特种设备，必须对其节能工作加以重视。

目前，国家对工业锅炉的安全监督较为重视，建立了完整、健全的法规体系、组织结构和工作机制。国务院颁布了《特种设备安全监察条例》，各地都建立了特种设备安全监察和检验机构，对辖区内工业锅炉产品进行注册登记、备案及日常监察，对锅炉的产品设计、制造、安装、使用、维修、改造等进行全程的监管和控制。特种设备安全监管的工作体制，为建立节能、环保、安全"三合一"监管体系提供了现实可行的体制框架基础。安全监察工作的每一个环节，也为有效开展节能监管提供了手段和条件。在保障工业锅炉设备安全运行的同时，把节能、环保与安全监管体系"三合一"，可大大提高政府综合管理的效能，促进锅炉安全、节能、环保地同步、有序、健康发展。目前，质监部门作为特种设备的安全监督管理部门，承担着工业锅炉设计、制造、安装、使用、改造、维修、检验等环节的安全监察职责，充分利用质监部门的安全监察和检验资源，发挥专业技术优势，开展工业锅炉节能监管工作，成为质监部门义不容辞的责任。

辽宁省是全国开展特种设备节能工作试点省份之一。在辽宁省政府节能减排总体工作思路指导下，省质量技术监督局自2006年开始，就一直积极探索特种设备安全监察与节能监管相结合的工作机制，积累了一定的经验。因此，省质量技术监督局必须承担起责任，做好我省工业锅炉的节能减排监管工作，并将我省的经验推广至全国，大力推进我省乃至全国节能工作健康有序地向前发展。

第 2 章 工业锅炉设备知识

2.1 锅炉概述

2.1.1 锅炉简介

锅炉的核心构成部分是锅和炉，是指利用燃料燃烧释放出的热能或其他热能加热给水或其他工质，以获得规定参数（温度、压力)和品质的蒸汽和热水或其他工质的设备。

锅是容纳水和蒸汽的受压部件，包括锅筒（也叫汽包）或锅壳、受热面、集箱（也叫联箱)、管道等，它们组成完整的水汽系统，进行水的加热和汽化、水和蒸汽的流动、汽水分离等过程。

炉是燃料燃烧的场所，即燃烧设备的燃烧室（也叫炉膛)。广义的炉是指燃料、烟气这一侧的全部空间。

锅和炉是通过传热过程相互联系在一起的。受热面是锅和炉的分界面，通过受热面进行放热介质（火焰和烟气）向受热介质（水、蒸汽或空气）的传热。受热面从放热介质吸收热量并向受热介质放出热量。

受热面作为锅和炉的连接纽带，其工作的优劣状态直接关系到锅炉设备运行热效率的高低。因此，受热面作为炉向锅传热的重要环节成为本章讲解的重点。

放热介质和受热介质分别处于受热面两侧，受热面的吸热和放热同时地、连续地进行的这类受热面都称为间壁式受热面。

如果放热介质和受热介质分别交替地、周期地与受热面接触，在接触中间受热面放热或从受热面吸热，那么这种受热面称为蓄热式(或再生式）受热面。蓄热式受热面是一种中间的固体载热体。

近年来在余热回收中应用的热管受热面，实质上也可视为蓄热式受热面的一种，但它不是以受热面材料本身为中间载热体，而采用进行相变(沸腾和凝结)的流体为中间载热体，从放热介质吸热并向受热介质放热。

以辐射换热为主要方式，从放热介质吸收热量的受热面称为辐射受热面。辐射受热面应该设置在放热介质的高温区域，即炉膛内。

以对流换热为主要方式，从放热介质吸收热量的受热面称为对流受热面。对流受热面布置在炉膛出口之后，放热介质处于中低温状态的烟道内。布置对流受热面的烟道称为对流烟道。

受热面向受热介质的放热主要以对流换热的方式进行。

在沸腾燃烧锅炉中，设置在沸腾层（流化床）内的受热面称为埋管受热面，它有着独特的传热过程特点，自成一类，不列入普通的辐射受热面和对流受热面内。

根据水的加热和汽化的过程，可以沿流程将受热面划分为水的预热受热面、汽化受热面（也称为蒸发受热面）和蒸汽过热器。水的预热受热面通常布置在低温烟气区域，用于回收烟气余热，节约燃料，所以一般称为“省煤器”。另外，回收烟气余热来预热助燃空气的受热面称为空气预热器。由于省煤器和空气预热器都布置在低温烟气区域，位于锅炉尾部，故又合称为尾部受热面。

受热面还可按结构分为板式受热面和管式受热面。管式受热面又有烟管受热面（烟气在管内流动）和水管受热面（水在管内流动）之分。

容纳水和蒸汽并兼做锅炉外壳的筒形受压容器称为锅壳。受热面主要布置在锅壳内的锅炉称为锅壳锅炉，又称火管锅炉。内燃式锅壳锅炉的炉膛布置在锅壳内，称为炉胆，炉胆本身也是辐射受热面。布置在锅壳内的烟管受热面则属于对流受热面。

外燃式锅壳锅炉的炉膛布置在锅壳之外，此时一部分锅壳表面（向火部位）为辐射受热面。对流受热面仍布置在锅壳内。如果外燃式锅壳锅炉的炉膛内还布置有水管受热面作为辐射受热面，则构成“水、火管锅炉”。总之，外燃式锅壳锅炉的锅壳已不能兼做锅炉外壳。

以布置在炉墙砌体空间内的水管为受热面的锅炉称为水管锅炉，受热面与锅筒、集箱和炉外管道构成整个汽水系统。水管锅炉中的锅筒是容纳水和蒸汽的筒形受压容器，其内不布置受热面，本身也不兼做锅炉外壳，其功用如下：

①作为连接省煤器、汽化受热面和蒸汽过热器的枢纽（上锅筒）；

②内部布置锅内设备，进行汽水分离过程（上锅筒）；

③作为连接多排并列工作的管子而构成管束受热面的结合部（上、下锅筒）；

④作为水的自然循环回路的组成部分（上锅筒或上、下锅筒）；

⑤储存锅水，形成一定的蓄热能力（上、下锅筒）。

由锅筒（锅壳）、集箱、受热面及管道和烟风道、燃烧及除渣设备、炉墙和构架(包括平台扶梯)等组成的整体称为锅炉本体。

由锅炉本体，锅炉范围内的水、汽、烟、风、燃料管道及其附属设备，测量仪表，其他附属机械等构成的整套装置称为锅炉机组。

2.1.2　锅炉的工作过程

锅炉的工作情况可归纳为 3 个基本过程：燃烧过程、传热过程和汽化过程。

(1) 燃烧过程

煤在炉排上经过干燥、干馏、挥发，分着火燃烧和焦炭燃烧，燃尽后生成灰渣。其中，大部分灰渣以炉渣的形式从炉排排出，少部分以飞灰的形式从烟囱排走，构成煤 - 灰系统。空气经空气预热器被加热后送入炉排下风室，通过炉排与煤燃烧后生成烟气，烟气流经各受热面后从烟囱排出，构成烟 - 风系统。

燃烧过程是节能的首要环节，决定着气体不完全燃烧热损失 q_3、固体不完全热损失 q_4、灰渣物理热损失 q_6 值的大小，从而影响锅炉的热效率，燃烧过程的目的是为了使燃料的热值最大限度地释放出来。

(2) 传热过程

燃料在炉膛中燃烧产生热量，以辐射换热的方式将热量传递给四周水冷壁，使工质的载热量增加，同时使烟气温度下降。烟气离开炉膛后，以一定的速度流经对流受热面，以对流换热的方式将热量传递给工质，使烟气温度进一步降低，最后自锅炉排出。总之，传热过程就是高温烟气所含的热量，通过钢管、钢板等受热面传给工质的过程。如果传热过程进行得不好，热量将被排出的烟气带走，造成排烟热损失增加，浪费了燃料；如果传热过程组织得不好，将要增加很多受热面才可能将烟气温度降下来，造成钢材的浪费。

传热过程的好坏决定着燃料燃烧后产生的热能被受热工质接受的量的多少。

(3) 汽化过程

锅炉给水经水泵送入锅炉的省煤器，水被预热后进入锅筒，然后进入由锅筒、下降管、下集箱和上升管(水冷壁管)串联组成的循环回路，如图 2-1 所示。

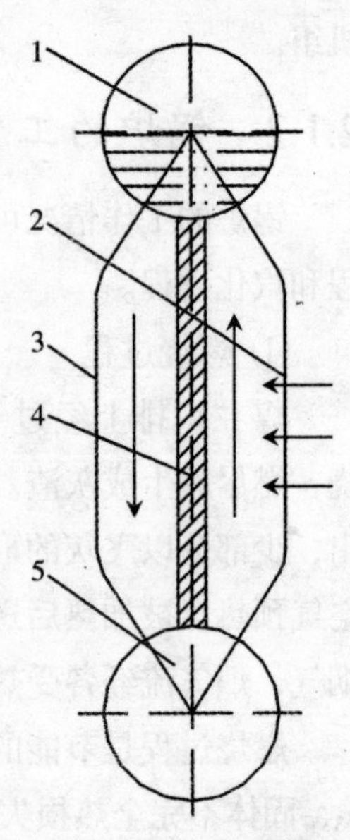

图 2-1　水循环示意图

1—上锅筒；2—上升管；3—炉墙；4—下降管；5—下锅筒

在炉膛一侧，上升管内工质接受炉内高温烟气的热辐射，产生汽水混合物。与上升管连通的下降管不受热，于是，上升管与下降管之间的工质形成密度差，重者下降，轻者上升，形成自然循环。同理，在锅炉管束中，由于各管束的工质受热不同，其工质密度也不同，依靠工质的密度差也会产生自然循环。若水循环畅通，工质就能不断地将受热面传过来的热量吸收，使之汽化；否则，可能使受热面过热，影响锅炉的安全运行。为了保证所供蒸汽的品质，常在上锅筒内装置汽水分离设备，将蒸汽中带的水从蒸汽中分离出来（称为汽水分离过程）。上述各受热面构成了锅炉的水－汽系统。

锅炉的这 3 个工作过程是互相联系的。锅炉的 3 个工作系统也是互相密切相关的。若某个工作过程组织得不好，或者某个工作系统不够完善，都会给锅炉的经济、安全运行带来不良的影响。

下面以 SG-35/3.82-M1 型水管锅炉（见图 2-2）为例来说明锅炉的组成和工作过程。

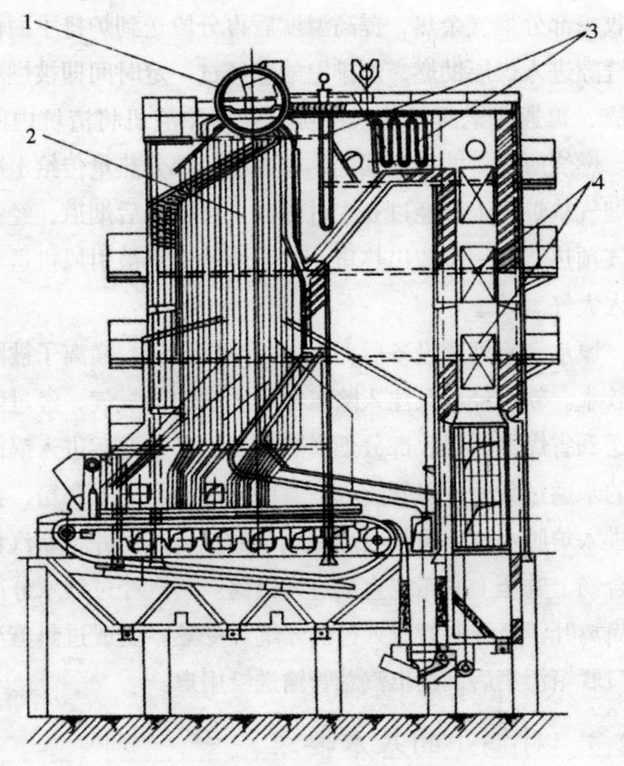

图 2-2　SG-35/3.82-M1 型水管锅炉

1—锅筒；2—水冷壁；3—过热器；4—省煤器

该锅炉由锅筒、炉膛水冷壁、下降管、过热器、省煤器、空气预热器、联箱等组成。尾部受热面配有省煤器和空气预热器，燃烧设备为齿轮传动链条炉排。燃用燃料是二类烟煤。煤由皮带输送机送至锅炉前煤仓，煤仓内的煤通过煤闸板落到链条炉排上前端，随着链条炉排的转动，炉排上的煤依次经过预热、引燃、燃烧、燃尽阶段后落入渣坑，再由除渣机运送至渣场。燃烧所需的空气由送风机抽取锅炉房内温度较高的空气，经过空气预热器吸收一部分烟气余热，提高温度后再分段送到炉排下面，穿过炉排缝隙进入煤层助燃，炉排上的煤经过一定时间即被燃尽而成为灰渣，再通过老鹰铁落入渣坑，并由除渣机将渣坑内的灰渣除去。燃烧所产生的高温烟气，首先将一部分热量传给水冷壁，然后烟气从炉膛上部经过立式过热器，再进入后烟道，经省煤器和空气预热器进一步放出热量，最后经除尘后被引风机送至烟囱并排入大气。

原水经水处理设备后，水中的杂质及钙、镁离子被除去，变成软水。软水经水泵注入除氧器除去水中的氧气，经过除氧的水被送到省煤器，吸收部分烟气热量，提高水温后进入锅筒。锅筒内的水通过数根下降管流入炉膛四周水冷壁的下联箱，再由下联箱进入炉膛水冷壁管吸收高温烟气的辐射热，并不断汽化，汽水混合物上升至上联箱或直接进入锅筒。蒸汽经过汽水分离装置由锅筒离开，经导汽管进入过热器继续受热，变成过热蒸汽，并由出口联箱汇集后，经出汽总管输送给用户。

2.1.3　对锅炉的基本要求

锅炉是能源转换设备。我国消费的燃料(包括煤、石油、天然气)中，有 17%~18%用于火力发电，通过锅炉—蒸汽轮机—发电机最后转换成电能。由于转换过程中有损失，发电厂自用消耗以及输配电的损耗，因此，最后到达用电户的电能，只占燃料发热量的$\frac{1}{4}$左右。我国生产的煤中，几乎有$\frac{1}{3}$是供给工业锅炉燃用的，用以转换成机械动力、生产工艺用热和生活用热。现在，在我国，20 余万台工业锅炉平均的设计效率不超过 65%。

基于上述能耗现状，必须提高一次能源的利用效率，尤其是工业锅炉的运行效率。

对于锅炉，全面的要求是：保产保暖、安全耐用、节能省材、消烟除尘。

(1) 保产保暖

按质（工质的压力、温度、净度）按量（蒸发量、供热量）地供给蒸汽和热水，满足生产（包括发电）和供暖的需要。

(2) 安全耐用

正确选用钢材，确保材质合格。

正确进行受压元件的强度计算，保证足够的壁厚。

正确设计结构和选择工艺，保证制造、安装施工质量。

正确进行热工、水利设计，保证工质对受热面的良好冷却。

采取合理的结构和措施，防止零部件受腐蚀和磨损，以及由于热应力、机械振动等原因产生的破坏。选用适宜的水处理装置，满足水质要求。

(3) 节能省材

改进设计，完善燃烧过程和传热过程，提高效率，节约燃料和电力，节约金属材料和建筑材料。

提高制造质量和安装质量，保证锅炉投入运行后具有较高的使用效率。

配备对水、汽参数和流量、燃料量以及燃料分析、燃烧工况等连续的计量、检测和记录系统，为消除盲目运行现象提供必要的设备。

⑷ 消烟除尘

组织好燃烧工况，避免产生黑烟；选配合理的除尘装置，控制排烟的含尘浓度和排尘量。选择合适的烟囱高度。

2.1.4　有关受热面和燃烧的几个名词

⑴ 受热面

受热面指锅炉内盛装水或蒸汽的受压元件受到火焰或烟气加热的表面积。

⑵ 辐射受热面

主要以辐射换热方式从放热介质吸收热量的受热面。

⑶ 对流受热面

主要以对流换热方式从放热介质吸收热量的受热面。

⑷ 正压燃烧

炉膛内烟气压力大于外界大气压的燃烧方式，称为正压燃烧。

⑸ 负压燃烧

炉膛内烟气压力小于外界大气压的燃烧方式，称为负压燃烧。大多数锅炉采用负压燃烧方式。

2.2 锅炉受热面的结构及布置

由第 2.1.2 节锅炉的工作过程可以看出，决定锅炉热效率高低的主要影响因素是燃烧和传热。这两部分内容都被作为重点内容进行了详述，燃烧调整见第 6.4 节（层燃燃烧调整），传热过程见第 3.2.4 节（锅炉内的传热方式），而锅炉受热面作为传热过程的主要媒介，其结构与布置方式直接影响传热过程的优劣，在此进行重点介绍。

2.2.1 锅炉受热面的结构

2.2.1.1 辐射受热面

在锅炉的炉膛内经常布置大量的水管——水冷壁，它的主要换热方式为辐射换热，故称为辐射受热面。

水冷壁在大型锅炉中是不可缺少的受热面。因为在大型锅炉中都采用了高温空气助燃，炉内温度很高，采用水冷壁一方面可以充分发挥辐射受热面热强度高的优点，同时它可以用来保护炉墙免受高温作用，使灰渣不易粘在炉墙上，防止炉墙被冲刷磨损、过烧而损坏。

水冷壁一般作为蒸发受热面，是自然循环锅炉构成水循环回路的重要部件。在高温高压大容量锅炉中，有时也作为辐射式过热器和辐射式省煤器受热面。

辐射受热面可做成板型的（如内燃锅炉的炉胆、烟管锅炉受热锅筒的腹部），也可以做成以水冷壁形式出现的管型的。

在锅炉（尤其是工业锅炉）中，光管水冷壁应用得较多。而在大容量锅炉中，经常采用带鳍片的膜式水冷壁，它将炉墙全部遮蔽，其优点是对炉墙保护好，炉墙温度大大降低，可使其厚度减薄，重量减轻，同时炉膛的密封性好，漏风少，使锅炉效率提高。

对于挥发分低的难着火的燃料，为使燃料能及时着火燃烧，常常采用带销钉的水冷壁，它可以减少水冷壁管的吸热量，使局部地区形成高温。

带销钉的水冷壁通常是在水冷壁管上焊有较多 ϕ9~12mm 的销钉，外涂耐火材料。此销钉一方面是为了固定耐火材料，另一方面可以将耐火材料上的热量传给水冷壁，使耐火材料得到冷却，延长使用期限。

对于液态排渣炉、旋风炉，常使用此种结构将局部水冷壁包起来，使炉温升高，将灰渣熔化成液态，并具有很好的流动性，使渣顺利排出炉外。

水冷壁管通常采用外径为 ϕ51，ϕ60，ϕ63.5的 10 号或 20 号钢管。目前，在大容量电站锅炉中，我国已采用 $\phi 42\times 5$ 的管子代替 $\phi 60\times 5$ 的钢管。

水冷壁管之间的距离应根据节省钢材、保护炉墙、防止结渣等因素来决定。在锅炉中，通常以相邻两水冷壁的中心线距离（称为水冷壁节距）s 表示，其相对节距用 s/d（d 为水冷管外径）表示。

在大容量锅炉中，为减轻炉墙重量，常采用敷管炉墙，其相对节距 s/d=1.1。

在工业锅炉中，常采用重型炉墙，其相对节距 s/d=2~2.5；水冷壁管中心线距炉墙距离 e=(0.5~0.8)d；采用煤粉燃烧时，s/d=1.2~1.6。

2.2.1.2 对流受热面

锅炉的对流受热面是指凝渣管束、锅炉管束、对流过热器和再热器、省煤器以及空气预热器等受热面。尽管这些受热面的作用、构造、布置以及工质和烟气的热工数据有很大的不同，但其传热过程都是以对流换热为主的，故称为对流受热面。以下是对流受热面的几种典型结构。

(1) 锅炉管束与凝渣管束

在低压小型锅炉中，由于锅炉的工作压力低，水在汽化过程中所吸收的热量——汽化热——所占比例较大，仅靠炉膛水冷壁吸收热量远远不能满足蒸发吸热的要求，因此在炉膛出口后面还要装设较多的蒸发受热面，即锅炉管束。

采用锅炉管束结构可实现烟气对受热面的横向冲刷，在管束中用耐火砖把烟道隔成几个流程，随着烟气温度的降低，各流程通道的截面积应逐渐减小，以保证各流程的烟气速度相近。锅炉管束可以错列布置，其优点是传热效果好，节省钢材；也可顺列布置，以便于吹灰和清灰。

凝渣管束是指布置在炉膛出口处的对流管束。通常它构成烟气出口窗，是为防止后面受热面结渣而设置。因烟气流经凝渣管束时，烟温要下降几十摄氏度，烟气中的灰粒由于温度降低而凝固，不至于粘在受热面上。为防止其本身结渣，横向节距较大，大容量锅炉为 s_1/d=3~5，s_2/d=3.5。

现代锅炉的凝渣管束，通常以后墙水冷壁延续而成，在炉膛出口处拉稀，使节距加大。在工业锅炉中，对于容量较大的锅炉，有时由锅炉管束靠近炉膛最外几排构成凝渣管束。

凝渣管束设计时，烟气速度的选取对受热面积灰有很大影响。试验表明，当烟速 W_y=2.5~3m/s 时，容易使灰积在管外壁上，久之易引起结渣。因此，凝渣管束烟气速度在全负荷时应不小于 6m/s，以保证在低负荷时具有 3m/s 的烟气速度，防止受热面的积灰。

在一些小型锅炉上常采用烟管作为主要的对流受热面。它水平布置在锅筒内部，烟气做纵向冲刷，为提高烟气速度，增强传热，通常将烟管分割成 2~3 个回程。

采用烟管结构可使锅炉布置紧凑，特别是与内燃型炉膛配合时，可不要炉墙，减少锅炉外形尺寸和占地面积。缺点是：烟气纵向冲刷，传热系数低，为减少钢材耗量必须加大烟气速度；锅筒直径较大，壁较厚，钢材耗量大；在自然通风时管内易积灰，人工清灰劳动强度大；采用烟管使锅炉刚性加大等。因此，烟管结构仅适用于小容量锅炉。在设计时，其烟速以 W_y=15~25m/s 为宜。

(2) 过热器

过热器的作用是将饱和蒸汽加热到一定的温度，以满足发电和生产工艺的需要。在锅炉负荷及其工况发生变化时，过热蒸汽温度应在允许的范围内波动。在现代电站锅炉中，蒸汽过热器是一个必备的重要部件。在工业锅炉中通常较少采用过热蒸汽，即使采用，蒸汽温度也不高于 400℃。

过热器受热面中的工质是温度很高的蒸汽，为保证受热面有足够的传热温压，受热面常布置在烟气温度较高的地方，甚至有时放置在炉膛中接受火焰的辐射，因此它的金属管壁温度很高，有时必须采用耐热合金钢制造。

工业锅炉采用的过热器，一般布置在烟温 700~900℃的范围内，达到既有足够的传热温压，又保证碳钢管在允许的温度范围内工作的目的，一般不使用合金钢。

按照传热方式，可将过热器分为辐射式、半辐射式和对流式 3 种。辐射式过热器一般布置在炉顶，其吸收炉膛里火焰和烟气的辐射热。半辐射式过热器放在炉膛上部出口附近，既吸收炉膛中火焰的辐射热，又以对流方式吸收流过它的烟气的热量。对流过热器放在炉膛外对流烟道里，主要是以对流传热方式吸收流过它的烟气的热量。过热器也可按放置方式分为立式过热器（见图 2–3）和卧式过热器（见图 2–4）。

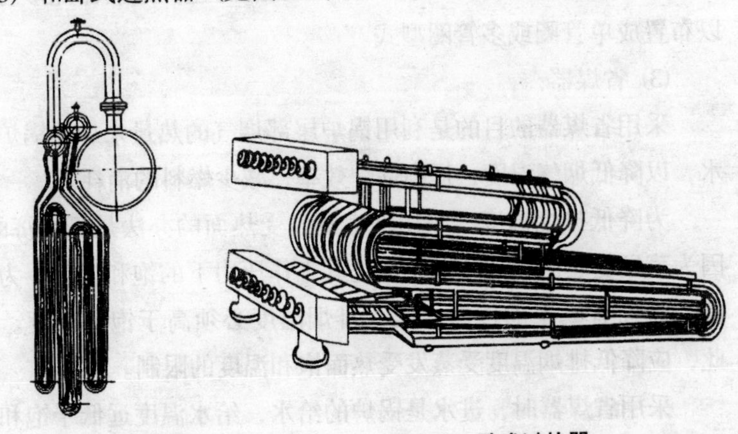

图 2–3 立式过热器　　图 2–4 卧式过热器

在中小容量锅炉中，所采用的过热器均为对流过热器。对流过热器由大量平行并列的蛇形管组成，其出入口与集箱或锅筒相连。蛇形管外径通常采用 $\phi32$，$\phi38$，$\phi42$ 的无缝钢管。

对流过热器的布置按蒸汽与烟气流动方向可分为顺流、逆流和混合流等布置形式。在入口烟气温度相同的条件下，逆流布置具有较大的传热温压，节省受热面金属，但管子工作条件较差，工质温度最高的部分，烟气温度也最高，导致金属管壁温度最高；顺流布置受热面温压最小，耗用金属最多，但金属管壁工作条件最好。通常根据过热蒸汽温度选取不同的布置形式，多为混合流动，即在低温烟气区采用逆流布置，在高温烟气区采用混合流布置。

为降低管壁温度以及保证过热器的流动阻力在规定的范围内，要求蒸汽有一定的流速。在中低压锅炉中，蒸汽速度通常为v=15~25m/s，流动阻力为0.5MPa；高压锅炉中，v=15~20m/s，流动阻力为1MPa。为保证过热器中工质的流速，过热器蛇形管可以布置成单管圈或多管圈型式。

(3) 省煤器

采用省煤器的目的是利用锅炉尾部烟气的热量来加热锅炉给水，以降低烟气温度，提高锅炉效率，减少燃料的消耗。

为降低排烟温度，采用增大蒸发受热面的办法是不经济的。因为蒸发受热面中工质的温度是其工作压力下的饱和温度，为保证受热面有一定的传热温压，排烟温度必须高于饱和温度。因此，应降低排烟温度受蒸发受热面饱和温度的限制。

采用省煤器时，进水是锅炉的给水，给水温度远低于饱和温度，因此传热温压较大，既能节省受热面，又可以降低排烟温度。

根据制造省煤器所用的材料，可将省煤器分为铸铁省煤器和钢管省煤器，见图2–5和图2–6。根据省煤器的结构是否允许水在其中沸腾，又可分为沸腾式省煤器和非沸腾式省煤器。一般来说，铸铁式省煤器为非沸腾式省煤器。

在低压小容量锅炉中，常采用铸铁省煤器。

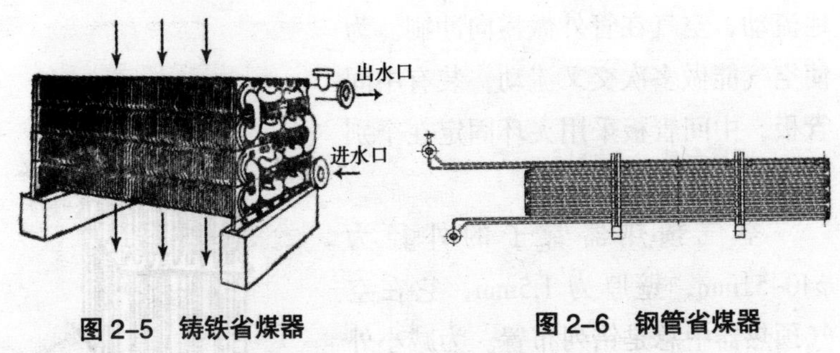

图 2–5　铸铁省煤器　　图 2–6　钢管省煤器

(4) 空气预热器

空气预热器有如下 2 个作用。

①向炉膛供热风，提高炉温，加快燃料的着火和燃烧，减少 q_3 及 q_4 热损失。尤其对于难着火的无烟煤和多灰分、多水分的劣质煤更为有利。在大容量锅炉中，采用煤粉燃烧时，无论是煤粉的干燥或是煤粉的点燃，都需要热空气，因此空气预热器是不可缺少的部件。

②在空气预热器中，入口风温较低，可以起到降低排烟温度的作用。

空气预热器有管式和回转式 2 种类型。回转式空气预热器又称再生预热器，它的热量交换是通过烟气、空气交替地流经受热面进行的：当烟气流经受热面时，受热面吸收热量并积蓄起来；当空气流经受热面时，积蓄的热量释放出来传给空气。此种空气预热器在我国大容量锅炉上采用。

管式空气预热器是最常用的一种，见图 2–7，它由许多平行的有缝薄壁钢管构成。管子呈错列布置，其两端与上下管板焊接，形成长方形管箱。管箱外面装有膨胀补偿的密封装置和空气连同罩。大多数空气预热器均为立式布置，烟气在管内自上而下地流动，空气在管外做横向冲刷。为使空气能做多次交叉流动，装有中间管板，中间管板采用夹环固定在个别管子上。

空气预热器管子的外径为 ϕ40~51mm，壁厚为 1.5mm，它在空气预热器中总是错列布置。为减小外形尺寸，在管板对角线方向相邻两孔的孔桥净距宜最小，但因受工艺条件限制，一般为 10mm，管子的横向节距由空气速度来选取，通常 s_1/d=1.5~1.75，s_2/d=1~1.25。

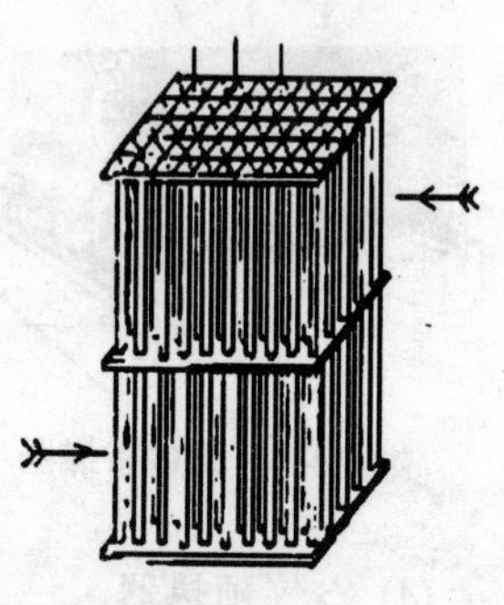

图2–7 管式空气预热器

2.2.2 受热面的配置

设计锅炉时，不仅要有足够的受热面，而且要合理地分配与布置受热面。辐射受热面、对流管束及尾部受热面三者的分配是否恰当，是影响锅炉传热效率及经济性的重要因素。

工业锅炉辐射受热面和对流受热面的经济性配置见表 2–1 和表 2–2（推荐）。

(1) 辐射受热面的简易估算

1t/h 蒸发量的辐射受热面面积 H_f 的估算值见表 2–1。

表 2–1 辐射受热面面积

锅炉种类	火床炉	煤粉炉	燃油炉
辐射受热面面积 H_f/m²	4.5~5.5	4~5	4~4.5

(2)对流受热面的简易估算

1t/h 蒸发量的对流受热面面积 H_d 的估算值见表 2–2。

表 2-2　**对流受热面面积**　单位：m^2

锅炉种类	蒸汽锅炉		热水锅炉	
通风情况	自然通风	机械通风	自然通风	机械通风
横向冲刷、错列、排管受热面	35~46	20~26	47~61	26~35
横向冲刷、顺列、排管受热面	48~62	22~32	63~81	29~43

2.3 炉

炉作为燃料燃烧的场所和烟气流通的通道，由燃烧设备、炉墙、炉拱和钢架等部分组成，燃料在其中进行燃烧产生灼热的烟气，烟气经过炉膛和各段烟道向锅炉受热面放热，受热面内的水吸收热量，产生一定压力和温度的蒸汽或热水，释放热量后的烟气从锅炉尾部进入烟囱排出。炉中燃料燃烧放热，锅内工质吸热，这就构成了锅炉工作的基本过程。显然，放热是最根本的，是锅炉工作的基础，而吸热是目的。正确地选择燃烧设备，对锅炉运行经济性、减轻劳动强度、防止对环境的污染都有重要意义。

2.3.1 炉　膛

炉膛就是燃料与烟气燃烧的空间。布置在炉膛四周的水冷壁管良好地吸收燃料和烟气放出的热量，将高温烟气顺利地引至出口，送至对流受热面区域。为保证经济燃烧和锅炉正常运行，炉膛应符合下述基本要求。

①为使可燃气体和碳粒在炉膛中停留较长的时间，有较长的流程完全燃烧，炉膛应具有足够的高度。

②为适应所用燃料，并使可燃气体能与空气良好混合，炉膛内部应具有一定的容积和合理的形状。

③为了减少热量损失，炉膛四壁应具有较好的绝热性能。

④为减少漏风和保持一定的空气系数，炉膛应具有较好的密封性能。

⑤为使锅炉造价降低，炉膛应尽可能结构紧凑、简单。

2.3.2　炉　墙

锅炉的炉墙主要起保温、密封和引导烟气流动的作用。它是由靠近炉膛内部的耐热层、中间的绝热层和最外部的密封层组成的。锅炉的炉墙一般有轻型炉墙和重型炉墙 2 种。

轻型炉墙：常用于快装锅炉和整装锅炉，由耐热层、绝热层和金属密封铁皮组成。常用的绝热材料有硅藻土砖、石棉等轻型材料。墙厚为 80~120mm。

重型炉墙：常用于散装锅炉和整装锅炉，由耐热层、膨胀缝和保温层组成。材料一般有耐火砖、普通红砖。墙厚为 380~640mm。

2.3.3　炉　拱

炉墙向炉膛突出的部分称为炉拱。其作用是储存热量，调整燃烧中心，提高炉膛温度，加速新煤着火，延长烟气流程，促使燃料充分燃尽。按位置来区分，一般有前拱、中拱、后拱等。

(1) 前　拱

①位置：位于炉排上方，前炉墙下方。

②组成：主要由引燃拱和混合拱组成。

③引燃拱的位置一般较低，靠近煤闸板，其主要作用是吸收高温烟气的热量，再反射到炉排前部，加速新煤的着火燃烧。

④混合拱的位置较高，其作用主要是促进可燃气体与空气良

好混合，延长烟气流程，使其充分燃烧。

⑤前拱的形状一般有以下几种。

a. 小斜型引燃拱和低而长混合拱组成。这种拱主要起遮盖作用，可减少炉排前部两侧水冷壁管吸热，保持炉膛前部有较高的温度，以利于新煤烘干和着火。

b. 倾斜引燃拱和较高水平混合拱组成。这种拱能有效地将热量反射到新煤上，改善燃烧条件。

c. 抛物线引燃拱和较高水平拱混合组成。抛物线主要将热量集中反射到新煤上，起到聚焦作用，使燃烧条件更好。但炉拱形状复杂，砌筑和悬挂困难，表面难以光洁，如果尺寸掌握不好很难收到理想的反射效果，所以应用不多。

(2) 中　拱

中拱一般位于炉排中上方，呈前高后低形状。作用：将主燃区的高温烟气引导到炉膛前部，加强烟气的扰动，促使新煤迅速着火；同时，可以储蓄热量，保证主燃区的煤充分燃烧。

(3) 后　拱

后拱位于炉排上方，后炉墙下部。作用：将燃尽区的高温烟气和过剩空气引导到炉膛中部和前部，以延长烟气流程，保证主燃区所需要的热量；同时，促进新煤引燃并提高炉排后部温度，使灰渣中的固定碳燃尽。近几年由于煤质不良，为适应劣质煤数量比较多的形式，常采用低而长的后拱，具体情况以及炉排高度应根据煤种的质量来决定。

SHW4锅炉原拱型示意图见图 2-8。

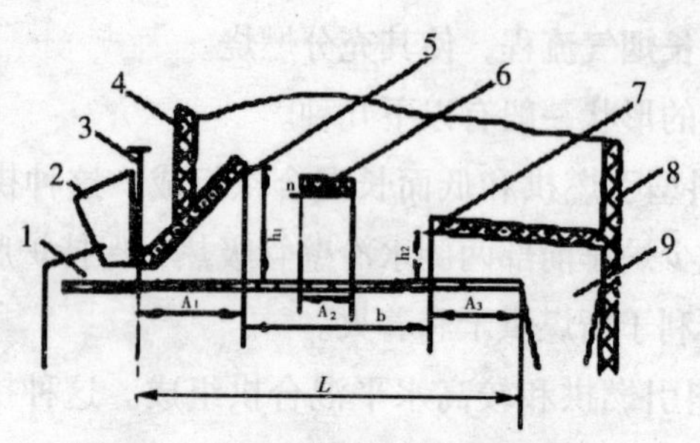

图 2-8　SHW4 锅炉原拱型示意图

1—往复炉排；2—煤斗；3—煤闸门；4—前墙；
5—前拱；6—中拱；7—后拱；8—后墙；9—灰斗

2.3.4　炉　排

(1) 固定炉排

固定炉排通常由条状炉条或板状炉条组成。炉条一般由普通铸铁或耐热铸铁制成，它能耐较高的温度，不易变形，价格便宜。

条状炉排可由单条、双条或多条组成。

板状炉排是长方形的铸铁板，板面上开有许多圆形或长圆形上小下大的锥形通风孔。

(2) 链条炉排

链条炉排是一种较好的机械化上煤、出渣的燃烧设备，它的外形好像皮带输送机，其结构见图 2-9。链条炉排的种类很多，一般可分为如下 3 种。

①链带式炉排。它用圆钢拉杆把主动炉排片和从动炉排片串联在一起，形成一条宽阔的链带，围绕在前链轮和后滚筒上。

②横梁式炉排。横梁式炉排与链带式炉排的主要区别在于采

用了许多刚性较大的横梁，炉排片装在横梁的相应槽内，横梁固定在传动链条上。

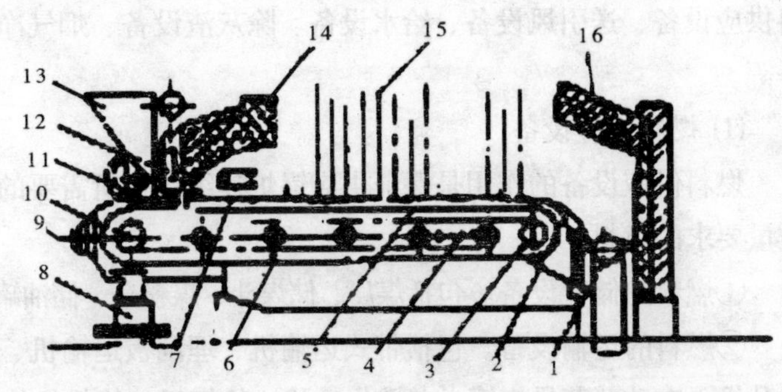

图 2-9　链条炉排结构

1—灰渣斗；2—老鹰铁；3—炉排；4—分区送风室；5—防焦箱；6—风室隔板；7—看火检查门；8—电动机；9—拉紧螺栓；10—主动轮；11—煤斗封板；12—煤闸板；13—煤斗；14—前拱；15—水冷壁；16—后拱

③鳞片式炉排。鳞片式炉排炉排片通过夹板装在链条上，而链条由若干链节串成。炉排片分带沟槽的和不带沟槽的 2 种，相互紧贴，前后交替，呈鱼鳞状。当炉排片行至尾部向下转入空程后，便依靠自重翻转过来，倒挂在夹板上，能自动清除灰渣，并获得冷却。

2.3.5　炉墙门孔

按照功能的不同，常见的炉门有点火门、看火门、拨火门、检修门、打渣门、吹灰门、防爆门。这些门孔从其名称来看比较容易理解。实际操作中一定要注意这些门孔是各司其职的，一般不作它用。

2.4 辅 机

锅炉辅助设备是安装在锅炉本体之外的必备设备，它包括燃料供应设备、送引风设备、给水设备、除灰渣设备、烟气净化设备等。

⑴ 燃料供应设备

燃料供应设备的作用是保证供应锅炉连续运行所需要的符合质量要求的燃料。

①燃料的储存设备。包括煤厂、储煤斗、煤粉仓、储油罐等。

②燃料的运输设备。包括带式运输机、埋刮板运输机、多斗提升机、电动葫芦吊煤罐、单斗提升机、给煤机、给粉机等。

③燃料的加工设备。包括破碎机、磨煤机、粗粉分离器、细粉分离器、型煤机等。

⑵ 通风设备

通风设备由引风机、送风机、烟囱和风道、烟道等组成。送风机把燃烧所需要的空气吸入并提高压力，经空气预热器提高温度后送入炉膛。引风机是将炉膛内燃烧所生成的烟气吸出，让烟气以一定的流速冲刷受热面后，经除尘器除尘后再经烟囱排入大气。

⑶ 给水设备

给水设备由水泵、给水管道和控制阀门等组成。它的作用是将水升压后按锅炉的需要将水送入锅筒内。

⑷ 水处理设备

水处理设备主要包括预处理设备、软化设备、降碱处理设备、除氧设备、除盐设备等。水处理设备的最终目的是使锅炉水质达到GB 1576—2001《工业锅炉水质的要求》。

(5) 除灰渣设备

除灰渣设备的作用是输送锅炉燃烧的产物——炉渣——到灰渣场。除灰渣设备有马丁除渣机、叶轮除渣机、螺旋除渣机、刮板除渣机、重型链条除渣机、水力除灰渣系统、沉灰池、渣场、渣斗等。

(6) 烟气净化设备

除尘、脱硫、脱氮设备的作用是除去锅炉烟气中夹带的固体微粒——飞灰、二氧化硫和氮氧化物等有害物质，改善大气环境。除尘、脱硫、脱氮设备有重力除尘器、惯性力除尘器、离心力除尘器、水膜除尘器、布袋过滤除尘器、电除尘器、二氧化硫吸收塔、脱硝装置等。

2.5 几种仪表简介

为了保证锅炉在运行安全可靠的基础上达到节能环保，就必须配备各种测量仪表。

2.5.1 温度计

温度计是用来测量物质冷热程度的一种仪表。在锅炉房中，需要进行温度测量的有蒸汽温度、给水温度、空气温度、烟气温度、热水锅炉的出水温度、炉膛温度和排烟温度。按照测量温度的方法分，温度计有接触式温度计和非接触式温度计 2 种，温度计的表示方法常用的是摄氏温度（℃）。

2.5.2 氧量表

锅炉烟气中的含氧量是反映锅炉燃烧状况的一个重要参数。

当空气过剩系数过小，即氧量不足时，由于燃烧不充分，一氧化碳(CO)的含量增高，气体未完全燃烧损失(q_3)增大，使锅炉热效率降低。当空气过剩系数太大，即氧量过高时，虽然未完全燃烧损失减小，但过剩空气带走的热量增加，排烟损失(q_2)增大，热效率也会降低。而且由于高温下过量的氧与氮、硫生成有毒的氮氧化物(NO_x)与硫氧化物(SO_x)，不仅会影响省煤器及空预器的使用寿命，也会造成严重的环境污染。因此，只有对氧量表做好日常维护工作，才能减少故障停机时间，保证氧量表有较高的投入率，进而将烟气含氧量控制在适当的范围内，实现锅炉优化燃烧。司炉工应当时刻注意氧量表的变化，控制合理的过剩空气系数，正确监视和分析炉膛小口氧量表和排烟氧量表及风量表的变化，在满足燃烧条件下尽量减少送风量。图 2-10 是氧量表示意图。

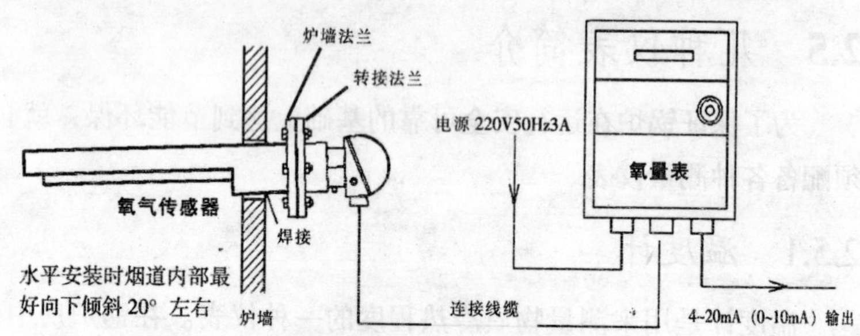

图 2-10　氧量表

氧化锆氧量分析仪，主要用于测量燃烧过程中烟气的含氧浓度，在传感器内温度恒定的电化学电池(氧浓差电池，也简称为锆头)产生一个毫伏电势，这个电势直接反映出烟气中含氧浓度值。

氧量表在日常使用和维护中应注意如下问题。

①锅炉运行中更换探头时应先通电预热，以防探头温差过大而导致锆管破裂。

②新装氧化锆探头至少要运行一天以上才能校准。由于新装上炉的氧化锆探头中有一些吸附水分和可燃性物质，在高温下，这些水蒸气蒸发和可燃物质燃烧消耗了参比端的空气，造成氧量指示偏高。直到水汽和可燃物质被新鲜空气置换掉，才能使测量准确。

③应定期对仪表进行校准，接入自控系统的仪表应 1~2 个月校准一次，未接入自控系统的仪表至少 3 个月校准一次。必要时也可使用奥式分析器对烟气中的氧含量进行分析，以确定仪表的准确度。

④短期停炉(1 个月内)，在探头不影响检修的前提下，不要关掉仪表。因为氧化锆管在停开过程中，有因急冷急热而断裂的可能，而且易使氧化锆管上的铂电极脱落，所以应尽量减少开关次数。

⑤应为每台氧量表建立档案，认真记录探头上炉时间、本底电势的变化规律、发生故障的情况及排除办法，以便于氧量表的管理与维修。

2.5.3 超声波流量计

超声波流量计比机械流量计准确度高，适应性广泛，目前用在供热系统水耗量计量。把液体和气体介质流动的量转换为脉冲信号，再传送给热量表进行计算，求得供热系统水量和热量的消耗，以此达到节省能源及计量耗热收费的目的。

超声波流量计测量精度高，测量范围不受区域供热系统水中的污染物、化学物质、磁性物的影响，内部结构为静态无磨损，测量和安装不受方向、方位限制，为计量耗热、计量收费、计量燃烧奠定了有利的基础。其结构原理见图 2–11。

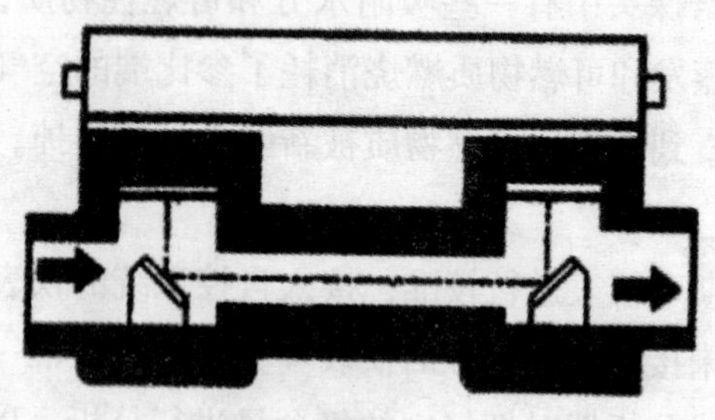

图 2–11　超声波流量计

超声波流量计利用超声波原理测量水量。两个起发射和接收作用的超声波元件互相对应放置在流量计的入口和出口。超声波信号同时从两个元件中发射。一个信号的传播与水流方向相同，另一个与水流方向相反。因此，来自不同发射器的信号不会同时到达与它们相对应的接收器。流经流量计的水量越大，在两个信号之间时间的延迟就越长。利用已知的横截面积和测量管的长度，就能把所记录的延迟时间转换为一个与实际流量完全成比例的脉冲信号。由于超声波信号的变化与水温有关，因此，在水管上必须安装一个温度传感器，用来补偿温度的变化。

2.6　几种典型锅炉简介

2.6.1　角管锅炉

角管锅炉是一种新型结构的锅炉，它具有结构紧凑、节约钢材、便于组装和整装等特点，特别是对于较大容量的角管锅炉，可大幅度降低锅炉的钢耗以及相应的制造成本和安装费用，创造可观的经济效益。图 2-12 为 QXL29-1.6/150/90-AⅡ型角管锅炉示意图。

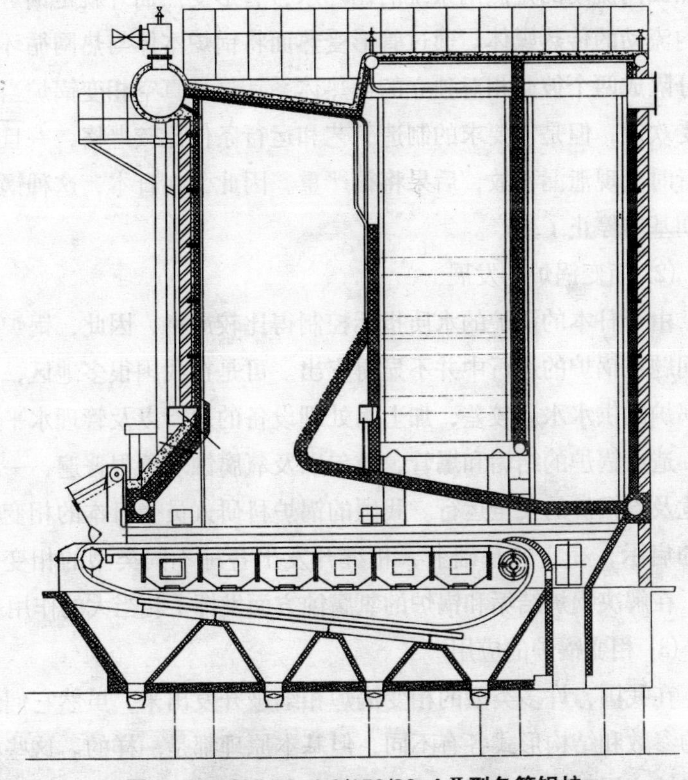

图 2-12　QXL29-1.6/150/90-AⅡ型角管锅炉

2.6.2 相变锅炉

(1) 相变锅炉的产生

早在20世纪70年代，日本的锅炉科研人员为了解决常规采暖热水锅炉带压运行存在的诸多安全隐患，研制出了一种新型的热水锅炉，这种锅炉当时被称为真空相变锅炉，锅炉运行时工作压力处于真空状态，因此它是相当安全的。该锅炉与常规热水锅炉的不同之处在于：该锅炉本体内布置有一组管形受热面，管形受热面内流动的是热网系统的循环水，管形受热面外就是锅炉本体内流动的传热媒体。通过管形受热面将锅炉本体与热网循环系统分隔成两个彼此相对独立的换热体系。这种真空相变锅炉当时很受欢迎，但是它要求的制造工艺和运行条件比较严格，一旦在运行时出现泄漏事故，后果将很严重，因此，在日本，这种锅炉后期基本停止了生产。

(2) 相变锅炉的发展

由于日本的锅炉的水质指标控制得比较严格，因此，锅炉结垢问题在锅炉的运行中并不显得突出。可是在我国很多地区，由于锅炉的供水水质较差，加上水处理设备的运行以及管理水平不高，造成锅炉的结垢和爆管、鼓包以及氧腐蚀现象很普遍，一直在危及着锅炉的安全运行。我国的锅炉科研人员受日本的相变锅炉的启示，在它的基础上，相继开发出各种不同类型的相变锅炉，在解决锅炉结垢和锅炉的氧腐蚀方面发挥了相当大的作用。

(3) 相变锅炉的应用

在我国，许多类型的相变锅炉相继被开发出来，虽然它们运行的参数和结构形式各有不同，但基本原理都是一样的。这些相变锅炉应用到许多水源水质较差的地区，在解决锅炉结垢和氧腐蚀方面发挥着相当显著的作用，因此很受用户的欢迎。

相变锅炉在运行中的工作压力普遍低于同出力的常规热水锅炉，有些甚至可达到常压和微压，因此运行时的安全性很高。没有水垢和氧腐蚀的破坏作用，锅炉无须做大量的维护和保养，因而其维护费用较常规锅炉少得多，寿命更长。由于相变锅炉具有诸多优点，相信其必然会有更大的应用范围。

图 2-13 是 DZS 14-1.25/130/70-A Ⅱ 热水锅炉经过改造后的示意简图。

2.6.3 型煤锅炉

型煤是一种合成燃料，在原煤的基础上添加一些助燃的物质促进燃烧，达到脱硫除尘的目的。一般有方型、圆型等。不同地区制作型煤的添加剂比例也不同。徐州煤矿、北京门头沟煤矿、辽宁铁法煤矿等各自有型煤合成。型煤的内燃成分影响燃烧热值，从而影响到锅炉出力。在选用型煤锅炉时，首先要了解型煤的有关成分以及适合锅炉燃烧的条件。

型煤合成助燃成分：型煤由煤泥、原煤粉、煤矸石、锯木炭、烟灰、焦炭粉、白煤、硝氨甲、硫黄、黄土、黏接剂等按比例粉碎拌均匀压制成型。一般型煤发热量为 14654~20934kJ(计 3500~5000kcal)，火焰短，无烟无味，是可利用的低质燃料。

型煤燃烧条件：型煤为上点燃，和燃烧煤有所不同。上点燃不用引燃，用火柴一点火即可燃启。

型煤锅炉是以蜂窝煤为燃料的绿色环保型锅炉，是 21 世纪小型锅炉的主导产品，其热能指标和环保指标均符合国家标准，是目前燃散煤小型锅炉最佳的更新换代产品。随着国家对环境保

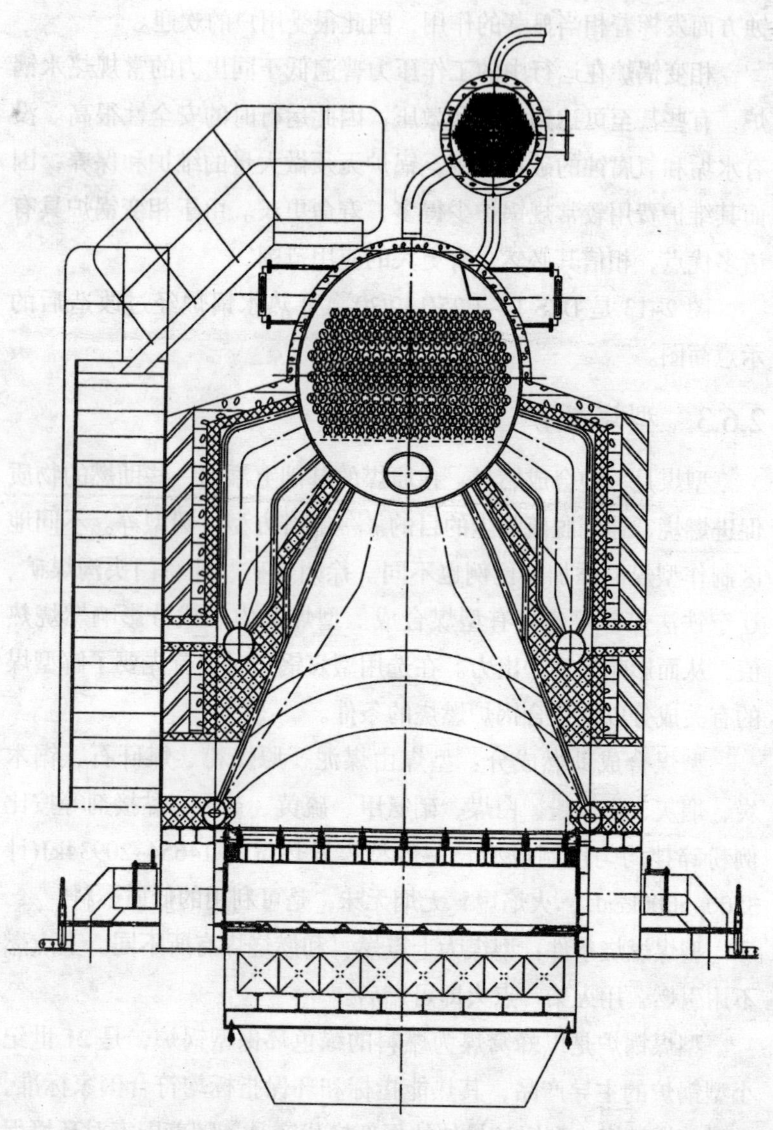

图 2-13　DZS 14-1.25/130/70-AⅡ相变锅炉示意图

护要求的不断提高，其优越性显得越来越突出。

型煤锅炉主要由管式受热面和独特的燃烧设备组成。其中，锅炉本体主要由锅筒、集箱、水冷壁辐射受热面和烟管受热面组成；燃烧设备为活动炉排，型煤在活动炉排上多层叠放后通过加煤装置送入燃烧室，其燃烧自上而下进行。图 2–14 为型煤锅炉燃烧装置。

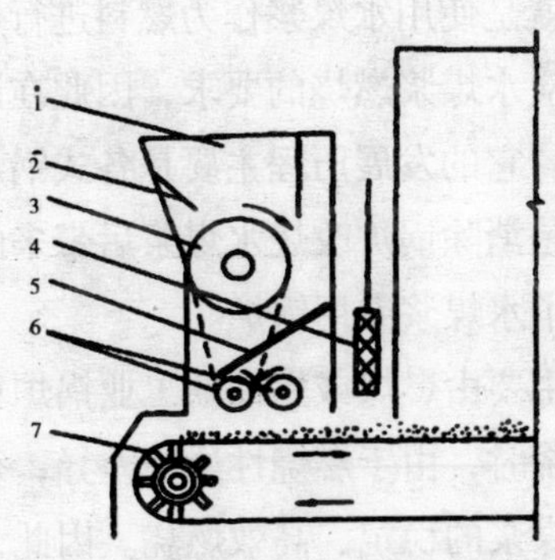

图 2–14　型煤锅炉燃烧装置

1—煤斗；2—隔板；3—给煤滚筒；4—煤闸板；
5—筛板；6—型煤双轧辊；7—链条炉排

型煤锅炉应用极广。但近几年在实际使用过程中发现，型煤锅炉主要存在以下问题：

①由于型煤质量不一，锅炉出力得不到保证；

②不能强制通风燃烧，炉膛温度低，不适用于蒸汽锅炉；

③劳动强度大，不能做大型化锅炉；

④低温腐蚀严重，影响锅炉的使用寿命；

⑤不能间歇运行；

⑥只能进行一级固硫，难以实现对高硫煤的二次烟气脱硫。

2.6.4 水煤浆锅炉

水煤浆(Coal Water Mixture，简称 CWM)是一种新型煤基流体洁净环保燃料，它既保留了煤的燃烧特性，又具备类似重油的液态燃烧应用特点，是目前我国一项现实的洁净煤技术。水煤浆作为节约和替代石油以及洁净煤利用的示范与推广技术，发挥我国煤炭资源优势，既符合国情要求，又可保证能源安全。

水煤浆锅炉就是使用水煤浆作为燃料进行燃烧锅炉，这种锅炉由于其必须适应水煤浆燃烧的要求，因此在诸多方面有不同于其他锅炉的特点。它的发展历程主要是各式锅炉经改造燃烧水煤浆的过程，目的是消除锅炉改烧水煤浆后带来的一些难以克服的缺陷。后期出现了水煤浆专用锅炉。

水煤浆锅炉主要由燃煤或燃油的工业锅炉和电站锅炉改造而来。在改烧水煤浆时，由于燃烧性质的差异，须对锅炉本体进行改造，以利于水煤浆的稳定、高效燃烧。因此，水煤浆锅炉的主要技术是指锅炉本体的改造技术以及适合水煤浆燃烧的喷嘴和燃烧器的研制技术。

图 2-15 为由链条炉排锅炉改造成的 SHS20-1.25-AⅡ水煤浆锅炉简图。

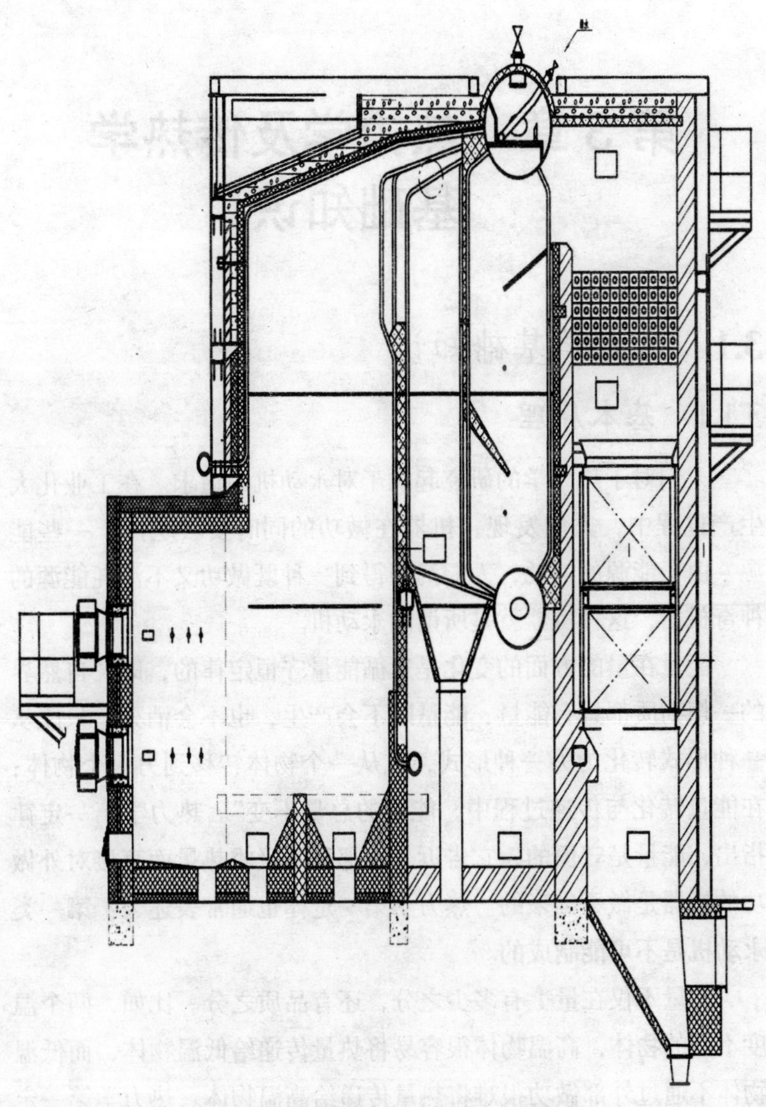

图 2-15　SHS20-1.25-AⅡ锅炉简图

第3章　热力学及传热学基础知识

3.1 热力学基础知识

3.1.1 基本原理

人们对于热力学的研究起源于对永动机的追求。在工业化大生产过程中，人们发现，机器在做功的同时要“吃掉”一些能源，由于能源的消耗，人们渴望得到一种既做功又不消耗能源的神奇机器，这种机器就是所谓的永动机。

能量在量的方面的变化是遵循能量守恒定律的，即“自然界的一切物质都具有能量，能量既不会产生，也不会消灭，只能从一种形式转化为另一种形式，或从一个物体转移到另一个物体；在能量转化与传递过程中，能量的总量不变”。热力学第一定律指出，能量是守恒的，它告诉人们那种不吸收热量而直接对外做功的机器是做不出来的。热力学第一定律也通常表述为：第一类永动机是不可能制成的。

能量不仅在量上有多少之分，还有品质之分。比如，两个温度不同的物体，高温物体很容易将热量传递给低温物体，而低温物体不通过外部做功很难将热量传递给高温物体。热力学第一定律只在量上说明能量是守恒的，并没有说能量质量的高低。这样，就有了热力学第二定律，它的表述是："热不可能自发地、不付代价地从低温物体传到高温物体。" 热力学第二定律的实质就是能量贬值原理。它指出，能量转换过程总是朝着能量贬值的方向进行。高品质的能量可以全部转化为低品质的能量，能量品质提高的过程不能自发地单独进行。热力学第二定律深刻地指明了能量转换过程的方向、条件和限度。人们常把能够从单一热源取热，使之完全变为功而不引起其他变化的机器叫做第二类永动机。第二类永动机并不违背热力学第一定律，因为它在工作过程中能量是守恒的，只是机器的热效率是 100%，而且可以利用大气、海洋和地壳作为热源，把其无穷无尽的热能完全转化为机械能，机械能又可以变为热能，循环使用，取之不尽，用之不竭。这种机器违背了热力学第二定律。因此，热力学第二定律也可表述为：第二类永动机是不可能造出来的。

热力学第一定律和热力学第二定律是两条相互独立的基本定律。前者揭示了在转换和传递过程中能量在数量上必定守恒；后者则指出在能量转换和传递过程中，能量在品质上必然贬值。一切实际过程必须同时遵循这两条基本定律，违背其中任何一条定律的过程都不可能实现。

在工业锅炉的运行中，工程热力学的应用非常广泛。燃料在锅炉中燃烧，放出热量，燃料的化学能变成了热力能，一部分热量被炉内的受热面吸收，形成有效热量，另一部分热量由于种种原因损失掉。在这个过程中，燃料燃烧放出的热量与锅炉利用热量和损失热量的总和是守恒的。这和热力学第一定律是相符合的。根据这个原理，我们可以对锅炉进行热工测试，就是利用热量平衡计算出锅炉的热效率，为锅炉的节能诊断提供可行性依据。燃料燃烧放热，将锅炉内的水加热，化学能转化为热能，能量在数量上是不变的，而在品质上是降低的，即热能在不依靠外部作用下不能直接转化为化学能。

3.1.2　水和水蒸气的性质

(1) 饱和水、饱和蒸汽与过热蒸汽

水由液态转化为气态的过程称为汽化。汽化通过蒸发与沸腾2种方法进行。蒸发是指水在自由表面上缓慢地汽化，在任何温度下都持续进行。沸腾是指水在表面和内部同时进行剧烈的汽化，只有当温度达到沸点时才会产生。在一定压力下，对水不断加热，水温相应上升，最后达到饱和温度（简称沸点）。这种具有饱和温度的水称为饱和水。饱和温度与压力有关，随着压力的升高，饱和温度也相应升高，也就是一定的压力对应一定的饱和温度。例如，1.013×10^5Pa（1标准大气压）下，水的饱和温度为100℃，当水的绝对压力为0.9MPa（表压力为0.8MPa）时，饱和温度为175.4℃；当水的绝对压力升高至1.4MPa(表压力为1.3MPa）时，饱和温度为195℃。在压力不变的情况下，对饱和水继续加热，饱和温度保持不变，但饱和水陆续汽化为水蒸气，这种具有饱和温度的水蒸气称为饱和蒸汽。在压力不变的情况下，对饱和蒸汽继续加热，蒸汽的温度将相应提高，这种温度超过饱和温度的蒸汽称为过热蒸汽。

(2) 湿度与干度

通常，在锅炉锅筒中出来的饱和蒸汽中含有一定的水分，这样的饱和蒸汽实际上是蒸汽和水的混合物，通常称为湿蒸汽。而不含水分的蒸汽称为干蒸汽。湿蒸汽中的含水量与总质量的比值称为蒸汽的湿度。湿蒸汽中，蒸汽的质量与总质量的比值称为蒸汽的干度。显然，对于同一湿蒸汽，其湿度与干度之和等于 1。例如，某蒸汽的湿度为 3%，则其干度为 97%，表明在 1kg 的饱和蒸汽中含有 0.03kg的水和 0.97kg的干蒸汽。湿度是衡量蒸汽品质好坏的一个重要指标。湿度过大不仅会降低蒸汽品质，影响使用效果，而且可能在蒸汽管道内发生水击现象，使管道剧烈震动，甚至损坏，对装有过热器的锅炉，还会使过热器管结垢烧坏。

在工业锅炉中，饱和蒸汽锅炉的蒸汽湿度的要求：对水管锅炉，应控制在 3%以下；对水火管锅炉和锅壳锅炉，不应大于 4%；对过热蒸汽锅炉，过热器入口的蒸汽湿度不应大于 1%。

(3) 液体热、汽化热和焓

在一定压力下，使 1kg的水从 0℃加热到饱和温度所需要的热量，称为液体热。液体热仅用于提高水的温度，而不能改变水的形态。它与压力有关，压力越高，液体热就越大。1kg的水在饱和温度下从水变为蒸汽所需的热量，称为汽化潜热，它与压力有关，随压力的增加而减小。在一定压力下，使 1kg的水从 0℃加热到任一状态下的水或蒸汽所吸收的总热量，称为该状态下水或蒸汽的焓。饱和水的焓就等于液体热，干饱和蒸汽的焓就等于液体热与汽化热之和。

(4) 产生单位当量的蒸汽或热水所需的能耗

①产品（蒸汽）能源耗限额 b_q：

$$Q_r=B\cdot Q_{dw}{}^{r}$$

$$\sum Q=Q_r+Q_{kw}+Q_{rw}$$

$$b_q=\frac{\sum Q}{29270}$$

②产品（热水）能源单耗 b_s：

$$Q_r=B\cdot Q_{dw}^{r}$$

$$\sum Q=Q_r+Q_{kw}+Q_{rw}$$

$$b_s=\frac{\sum Q\times 10^6}{29270\times D\times c\times \Delta t}\quad (\text{kgce/GJ})$$

式中　Q_r——燃料燃烧带入的化学热，kJ/h；

B——燃料消耗量，kg/h；

Q_{dw}^{r}——单位燃料的应用基低位发热量，kJ/kg；

Q_{kw}——助燃空气带热的物理热，kJ/h；

Q_{rw}——燃料带入的物理显热，kJ/h；

D——热水锅炉热水循环量，kg/h；

c——水在该温度下的比热，kJ/(kg·℃)；

Δt——锅炉进出水温度差值，℃；

kgce——能源消耗量，用标准煤表示。

3.2 传热学基础知识

燃料在炉中燃烧，形成高温烟气，燃烧放出的热量通过锅炉的各种金属受热面再传给受热面中的介质（水、蒸汽、空气），传热不好，则会浪费燃料、金属，影响锅炉的安全、经济运行。

锅炉中的热能转换和传递依托设备和工质（水、蒸汽、烟气或空气等）来进行，并且遵循一定的规律：一是能量守恒，如燃料带入锅炉的总热量（化学能），分成有效利用热量和热损失，但是其总量不变；二是传热有一定的方向性，凡是有温度差的地方就一定有热量的传递，热量总是自动地由高温物体传向低温物体。如何将热量更加有效地利用吸收，这就要学习关于传热学的相关知识。

3.2.1　传热的基本形式

传热的基本形式有 3 种，它们分别是导热、对流和辐射。

①导热：直接接触的两个物体，或同一物体相邻两部分间所发生的热传递现象叫热传导，简称导热。单纯的导热主要发生在固体中。在液体和气体中也有导热存在，不过往往伴有其他传热方式。导热的基本特点是物体要相互接触，它是由物体内部的分子和原子、电子微观运动引起的。

②对流：流体各部分之间发生相对运动（位移）时，热量由高温流体转移到低温流体的现象称为热对流，简称对流。对流主要发生在流体（如水和烟气）中。

③辐射：由热而引起物体发生辐射能的过程称为热辐射，简称辐射。任何物体，只要温度高于 0K，就能不断地以电磁波的形式向四面八方呈直线发射能量，这就是热辐射的实质。热辐射的基本特点是它的传递不需要任何媒介物就可以在真空中进行。另外，辐射传热不但有热量的传递，而且伴有能量形式的转化，即热能—辐射能—热能。这是它不同于对流和导热的地方。

3.2.2　传热学基本理论

(1) 导　热

当固体壁面两侧的温度 t_1 和 t_2 不相等时，热量就会从高温 t_1 侧传向低温 t_2 侧，这个过程就是导热，如图 3–1 中箭头所示。导

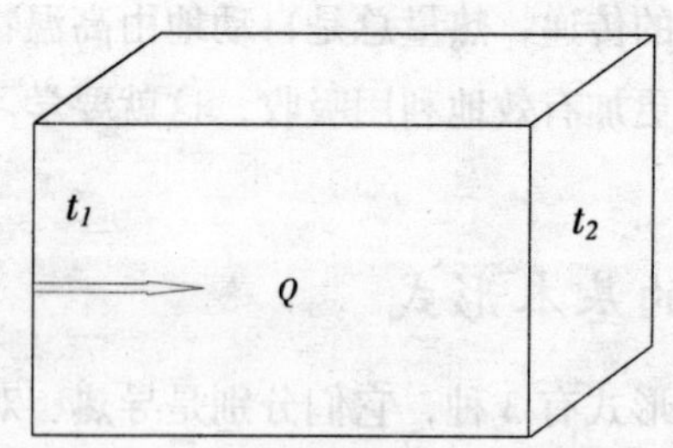

图 3–1　通过固体壁面的导热

热问题可以分为 2 类：稳态导热和非稳态导热。以锅炉炉墙为例，在升炉时，炉墙各部分的温度逐渐升高，待锅炉运行一段时间后，炉墙各处的温度就保持不变了。前面那种情况，即温度随时间而变的导热是不稳定导热；后面那种情况，即温度不随时间变化的导热就是稳定导热。下面介绍稳态导热。

导热的基本规律——傅立叶定律：导热热量 Q 与面积 F 和温差 Δt 成正比，与厚度 δ（长度）成反比，且与材质有关。

对平板来说，表达式为

$$Q=\lambda\cdot\frac{\Delta t\cdot F}{\delta}\qquad(\mathrm{W})$$

或

$$q=\frac{Q}{F}=\frac{\lambda}{\delta}\cdot\Delta t\qquad(\mathrm{W/m^2})$$

式中　q——热流密度，表示单位时间内通过单位面积所传递的热量；

λ——导热系数，W/(m·℃)，是说明物体导热能力大小的一个物理量；不同物质的 λ 值不同，其值随温度而变化，并近似呈直线关系：

$$\lambda=\lambda_0(1+bt)$$

其中　λ_0——0℃时的导热系数；

b——常数，不同物体的 b 值不同，由实验确定。

导热系数 λ 的含义是：在单位时间(h)内，单位面积(m^2)上，沿导热方向单位长度(m)上，温差为 1℃时所能通过的热量。λ 是表明物体热传导能力大小的热物性参数，它与热传导的速率和物质本身的温度、湿度及密度等有关。

一般说来，气体的导热系数最小，液体次之，金属材料最大；非金属材料则视用途不同而在较大的范围内变动，如建筑材料和隔热材料的导热系数就很小，水垢尤其是灰垢等的 λ 值更小。

理论分析证明，气体的导热系数是随着绝对温度的平方根变化的。表 3-1 是一些材料的导热系数。

表 3-1　不同材料的导热系数　单位：W/（m·℃）

材料名称	λ 值	材料名称	λ 值	材料名称	λ 值
银	1400~1600	水	2	耐火砖	3.78~5.04
铜	1200~1400	氟利昂-12	0.25	红砖	2.1~2.94
铝	750~840	空　气	0.08	混凝土	2.9~4.62
铁	170~210	锅炉水垢	2.1~8.4	珍珠岩	0.25~0.42
合金钢	60~126	烟渣	0.21~0.42	蛭石砖	0.34~0.42

稳定导热是指温度不随时间而变化的导热。大多数情况下的导热现象均可按稳定导热的情况来对待。

锅炉运行时，金属表面并不洁净，烟气侧（外表面）有积灰，水侧（内表面）有水垢。因此，热量是经由外壁的积灰层、金属本身和内壁的水垢层传导过去的。

灰垢的导热能力很差，一般 λ=0.21~0.42，约为水垢的 $\frac{1}{20}$~

$\frac{1}{10}$，约为钢材的几百分之一。所以，受热面积灰是使烟气热量不能充分传递给水的主要原因之一。积灰严重会导致受热面堵灰，影响烟气流通，从而不能维持锅炉正常运行。因此，运行中应坚持经常给受热面吹灰、扫灰，如 $D>6$t/h 的锅炉，要求每班至少吹灰 2 次（燃烧稳定和停炉前各吹灰 1 次），$D\leqslant 4$t/h 的快装锅炉，要求每周至少清扫一下烟火管等，以保证锅炉的出力与效率。

图 3-2 为双壁换热示意图。

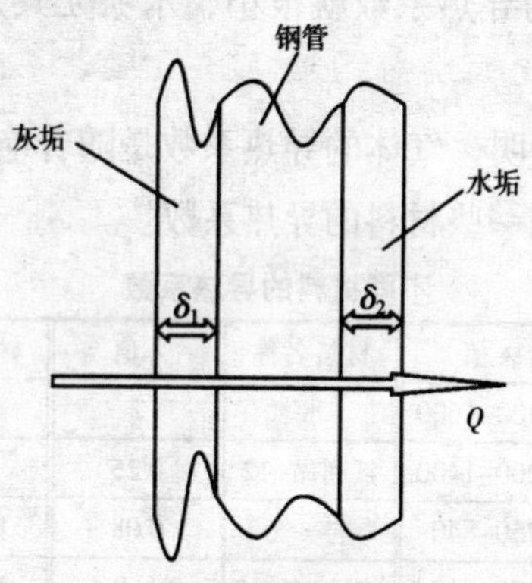

图 3-2　双壁换热示意图

例　已知：厚 δ=4mm 的碳钢锅炉管子，内壁温度 t_{b2}=175℃，外壁温度为 t_{b1}=181℃，λ=163.29kJ/（m·h·℃），λ_1=6.28kJ/（m·h·℃），λ_2=1.257kJ/(m·h·℃)。

①求在无水垢、灰垢情况下的每平方米传热量 Q_1；

②求当内壁上结了 δ_2=1mm 水垢后的每平方米传热量 Q_2；

③求当外壁上结了 δ_3=1mm 灰垢后的每平方米传热量 Q_3；

④求当管子结有 δ_2=1mm 的水垢和 δ_3=1mm 的灰垢后，每平

方米的传热量 Q_4。

⑤在受热面清洁和存在垢层 2 种情况下，比较它们达到相同的传热量时有垢壁面所需要的温度提高值（即在结水垢后仍要求传递无水垢时的热量），则其外壁温度 t_{b1} 为多少？

解　①$Q_1=\dfrac{\lambda F(t_{b1}-t_{b2})}{\delta}=\dfrac{39\times1\times(181-175)}{0.04}$

$=58.5\times10^3(\text{kcal/h})=245.7\times10^3\text{kJ/h}$

②当壁面上结一层水垢后，这种壁面就是两层壁面了，其传热量计算公式为

$$Q_2=\frac{F(t_{b1}-t_{b2})}{\dfrac{\delta}{\lambda}+\dfrac{\delta_1}{\lambda_1}}$$

则　$Q_2=\dfrac{1\times(181-175)}{\dfrac{0.004}{39}+\dfrac{0.001}{1.5}}=7.8\times10^3(\text{kcal/h})$

$=32.8\times10^3\text{kJ/h}$

可以看出，结水垢后，传递的热量显著下降，$Q_2/Q_1\approx\dfrac{1}{7}$。

③当壁面上结一层灰垢后，这种壁面就是两层壁面了，其传热量计算公式为

$$Q_3=\frac{F(t_{b1}-t_{b2})}{\dfrac{\delta}{\lambda}+\dfrac{\delta_2}{\lambda_2}}$$

则　$Q_3=\dfrac{1\times(181-175)}{\dfrac{0.004}{39}+\dfrac{0.001}{0.3}}=1.746\times10^3(\text{kcal/h})$

$=7.334\times10^3\text{kJ/h}$

可以看出，结水垢后，传递的热量显著下降，$Q_3/Q_1\approx\frac{1}{33.5}$。

④当壁面上结一层水垢和灰垢后，这种壁面就是三层壁面了，其传热量计算公式为

$$Q_4=\frac{F(t_{b1}-t_{b2})}{\frac{\delta}{\lambda}+\frac{\delta_1}{\lambda_1}+\frac{\delta_2}{\lambda_2}}$$

则 $$Q_4=\frac{1\times(181-175)}{\frac{0.004}{39}+\frac{0.001}{1.5}+\frac{0.001}{0.3}}=1.462\times10^3(\text{kcal/h})$$

$$=6.12\times10^3\text{kJ/h}$$

可以看出，结水垢后，传递的热量显著下降，$Q_4/Q_1\approx\frac{1}{40}$。

⑤如果仍然要求出力同原来一样，则只有加强燃烧，提高炉温，提高受热面外壁温度 t_{b1}：

$$t_{b1}=\frac{Q}{F}\left(\frac{\delta}{\lambda}+\frac{\delta_1}{\lambda_1}\right)+t_{b2}=\frac{58.5\times10^3}{1}\left(\frac{0.004}{39}+\frac{0.001}{1.5}\right)+175=221℃$$

可以看出，外壁温度比原来升高了 40℃。因此，如果水垢结得很厚，又要维持锅炉较大的产汽量，只有多烧煤，受热面外壁温度升得很高，甚至把受热面烧坏。从上例可以看出，锅炉结垢不仅会使锅炉受热面传热量大大下降，使锅炉出力和效率降低（一般结水垢 1mm 使锅炉效率降低 3%~5%），影响锅炉的经济性，而且更主要的是影响锅炉安全。水垢是在水侧，由于水垢导热不良，热量不易传递给工质——水，但水垢层外的受热面金属壁却处于高温状态，易发生过热甚至爆管。从上例的对比中可以看到，灰垢对传热影响远远大于水垢，但水垢对锅炉安全影响很大。此外，锅炉水垢形成后，常会引起垢下腐蚀，加速受热面损

坏；垢层太厚还会影响水循环的正常进行，造成循环流速不稳，引发事故。因此，坚持排污、进行给水处理十分必要。

非稳态导热的问题比较复杂，在这里给出一个简要的分析，使大家对非稳态导热过程有一个大概的了解。

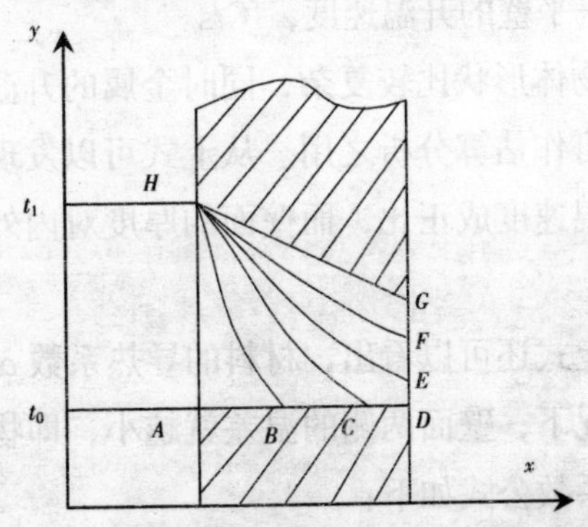

图 3–3　不稳定导热过程中平壁内的温度分布

以一个最简单的非稳态导热为例。如图 3–3 所示的一块平壁，其温度是均匀的，都等于 t_0，如图中直线 *AD* 所示。现在壁的左侧突然与一块温度恒为 t_1 的高温板紧密接触。这时紧挨着高温板的壁面材料的温度很快升高，而材料的其余部分仍保持原来的温度 t_0，温度分布如图中曲线 *HBD* 所示；过了一段时间后，比较里层的壁面材料温度也逐渐升高了，图中的曲线 *HCD*，*HE*，*HF*…表示了随着时间的增加板中各处温度逐渐上升的情况。最后，温度分布稳定地保持为曲线 *HG* 那样。在上述过程中，壁面材料的温度由左向右逐渐升高，不到一定的时候，壁面右侧材料的温度是不会上升的。

假设有一个很大的平面，壁面的一侧受热，另一侧绝热良好，当壁面各点的温度随时间均匀上升时，壁面两侧的温差为

$$\Delta t=\frac{\delta^2}{2\alpha}W \quad (℃)$$

式中　δ——壁面厚度，m；

α——导温系数，m^2/s；

W——平壁的升温速度，℃/s。

由于研究物体形状比较复杂，同时金属的升温速度也未必均匀，因此上式可作估算分析之用。从上式可以发现，内外壁的温差同壁面的升温速度成正比，而壁面的厚度对内外壁温差的影响更大。

同时，从上式还可以看出，材料的导热系数 α 越大，在其他条件相同的情况下，壁面两侧的温差就越小，即物体中温度越趋于一致。导温系数公式如下：

$$\alpha=\frac{\lambda}{c\gamma} \quad (m^2/s)$$

导温系数是影响不稳定导热过程的一个重要物理量，其数值的大小表示物体传播温度变化的能力。

导热系数与导温系数是两个不同的概念，它们之间既有区别又有联系。导热系数仅指材料的导热能力，而导温系数则综合考虑了材料的导热能力和升温所需热量的多少，这样它就能表示材料中温度变化“传播”的快慢。

在锅炉的起停炉和变负荷运行过程中，锅炉炉内换热均为不稳定传热。在这种不稳定传热过程中，就要依靠导温系数这个概念对锅炉内的传热进行估算。

综上所述，对于稳定导热过程来说，物体中各点的温度不随时间而变，导温系数也就失去了意义，只有导热系数对过程有影响；在不稳定导热中，由于物体本身在不断地吸收或放出热量，因而决定物体中温度分布的是导温系数而不是导热系数，这是稳定导热与非稳定导热在物理规律上的重要区别。

(2)对　流

所谓对流换热，是指当流体与固体表面间有相对运动时的热交换现象。对流分为自然对流和强制对流。由于流体冷热各部分的密度不同而引起的流动叫做自然对流，由于泵、风机或其他外部动力源的作用所引起的流动称为强制对流。对于换热介质来说，对流换热还可以分为无相变对流换热、有相变对流换热和凝结换热。

对流的基本规律——牛顿公式：对流换热量 Q 和温度 Δt 及壁面面积 F 成正比，即

$$Q=\alpha \cdot \Delta t \cdot F \quad (\mathrm{W})$$

$$q=\alpha \cdot \Delta t \quad (\mathrm{W/m^2})$$

式中　Δt——流体和壁面的温差，$\Delta t=t_{流}-t_{壁}$；

F——换热面积，$\mathrm{m^2}$；

α——换热系数，W/(m·℃)，表示在单位时间内，流体与壁面之间温差为 1℃时，通过单位面积所放出的热量；显然，换热系数越大，放热量就越大。

对于传热公式的分析，可以对锅炉设计、节能大有启发，可以找到提高热效率的一些理论依据，即制造锅炉要节省金属，用较少的受热面传递同样的热量。从传热方程式可知有 2 个途径：一是增加温压 Δt，二是增加传热系数 K。

①增加温压 Δt 也有 2 个途径：一是 t_2 不变，提高 t_1，这就要强化燃烧，提高炉膛烟气温度，采用优化拱型，如在过热蒸汽

锅炉中把过热器放到烟温较高的炉膛出口处；二是 t_1 不变，降低 t_2，这就要降低排烟温度，设法选择工质水温度 t_2 较低的省煤器，这比增加管束合理，因为流经省煤器的水温比较低。

②增加传热系数 K。

考虑没有水垢、灰垢时，因为

$$K=\frac{1}{\frac{1}{\alpha_1}+\frac{\delta}{\lambda}+\frac{1}{\alpha_2}}$$

且金属的导热系数 λ 很大，$\frac{\delta}{\lambda}$ 值较小，可以忽略不计，所以可以认为

$$K=\frac{1}{\frac{1}{\alpha_1}+\frac{1}{\alpha_2}}$$

一般来说，提高 α_1 或 α_2 都可以提高 K 值，但提高 α_1 比 α_2 更为有效。因为在锅炉受热面中，烟气侧的放热系数 α_1 比较小（3 位数以下），而水侧或汽水侧的放热系数 α_2 比较大（5 位数以下），则 $\frac{1}{\alpha_1}>>\frac{1}{\alpha_2}$，提高 α_2 对 K 值影响不大。所以，提高传热系数主要是设法提高烟气侧的放热系数 α_1。但当壁面处出现水垢、灰垢时，$\frac{\delta}{\lambda}$ 的值不应忽略。

烟气侧放热的强弱主要与烟气速度有关，速度越大，冲刷管壁越强烈，对流放热也越强烈。因此，采用高的烟气流速可以强化传热、节省金属。但烟速高，通风阻力大，会受到锅炉抽力的限制，在自然通风的情况下，烟速一般只能达到 3~5m/s。采用引风机实行强制通风，可使烟速大大提高。但过高，会使通风电

机耗电过多，还会使受热面受到烟气中灰粒的强烈磨损，影响寿命。综合考虑，强制通风时，烟速可以达到 8~12m/s（水管受热面）和 20m/s（烟管受热面）。除提高烟速外，还可采用横向冲刷、逆流冲刷、管子错列布置、用小管径的管子等方法来提高烟侧放热系数 α_1，以提高传热系数 K 值。对于空气预热器，因为受热面内外侧都是气体，α_2 值并不大，要提高 K 值两侧要同时考虑。

为了提高传热效果，当 K，Δt 都不能再变化时，也可以合理地加大传热面 F。比如铸铁式省煤器，如图 3-4 所示。外壁 F_1 的面积大于内壁 F_2 的面积是符合传热原理的。

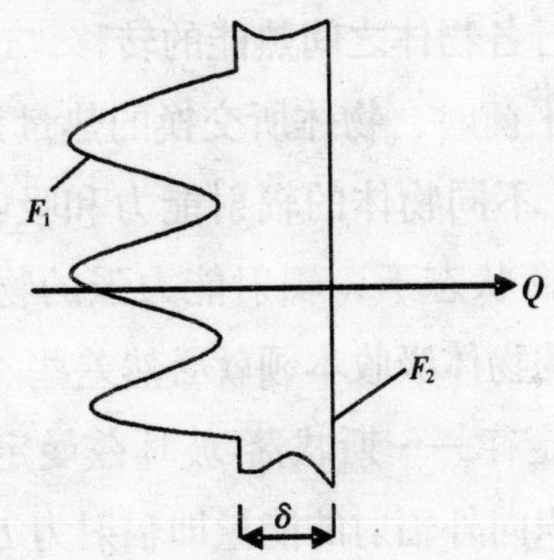

图 3-4　肋片省煤器传热示意图

$$Q=\alpha_1 F_1(t_1-t_{b1})=\frac{\lambda}{\delta}(t_{b1}-t_{b2})=\alpha_2 F_2(t_{b2}-t_2)$$

因此

$$Q=\frac{t_1-t_2}{\frac{1}{\alpha_1 F_1}+\frac{\delta}{\lambda F_2}+\frac{1}{\alpha_2 F_2}}=\frac{F_2(t_1-t_2)}{\frac{1}{\alpha_1}\cdot\frac{F_2}{F_1}+\frac{\delta}{\lambda}+\frac{1}{\alpha_2}}$$

可见，肋片加在原来放热系数较小的一侧，效果才能显著。有的新式快装锅炉把烟火管制成波纹管，就是这个道理。这种以曲面代替平面的节能措施总的来说是利大于弊，唯一需要予以充分重视的是及时清灰。

(3)辐　射

物体以电磁波的形式向外传递能量的过程称为辐射。辐射现象的一个根本特点是：辐射能可以在真空中传播，而导热、对流这两种热量传递的方式则只有当存在着固体、液体、气体这一类具体物质时才能发生。应当指出的是，并不是只有高温物体才发生热辐射，所有物体都在昼夜不停地向外发出辐射能。物体不但向外发出辐射能，还不断地吸收四周物体所发出的辐射能，并且被吸收的辐射能在该物体内又会重新转换为热能，于是就发生了以辐射的方式进行各物体之间热能的转移，这就是辐射换热。当能量的收支正好平衡时，物体所交换的热量为 0，这就是所谓的“热平衡”状态。不同物体的辐射能力和吸收能力是不一样的。很明显，在热平衡状态下，辐射能力强的物体吸收本领一定较强，辐射能力弱的物体吸收本领就必然差些。

辐射的基本定律——斯忒藩-玻耳兹曼定律：物体在单位时间内通过单位面积向外辐射的能量即辐射力 E 与绝对温度的四次方成正比，即

$$E=C\left(\frac{T}{100}\right)^4 \ (\mathrm{W/m^2})$$

式中　C——辐射系数，$\mathrm{W/(m^2 \cdot K^4)}$，不同物体的辐射系数是不同的，绝对黑体的 C 值最大，常用 C_0 表示（黑体是吸收率为 1 的物体），$C_0=5.67\mathrm{W/(m^2 \cdot K^4)}$。

两个不同温度的物体之间的辐射换热量可以用下式计算：

$$Q=C_0 \alpha F\left[\left(\frac{T_1}{100}\right)^4-\left(\frac{T_2}{100}\right)^4\right] (\mathrm{W})$$

式中 α——系统黑度（灰体接近黑体的程度）；

F——辐射换热面积，m^2；

T_1，T_2——高温物体与低温物体的绝对温度，K。

计算表明：当烟气温度为 1000℃左右时，炉内辐射受热面热强度 q_f 与同温度下的对流受热面热强度 q_d 基本上相同。所以在进行热力计算时，布置辐射受热面之后，要使炉膛出口烟温尽量不低于 900~1000℃。只有当烟温超过 1000℃时，辐射受热面才具有明显的优越性。因而，选用合理的拱型、进行合理的运行调整，以维持 950~1100℃的炉膛温度，是保持锅炉出力的必要条件；否则，辐射受热面布置得多么合理也是形同虚设。

3.2.3 传热学的基本方程式

在工业锅炉中，传热现象不会单一出现，它是以 3 种传热现象相耦合的形式出现的。比如在运行的锅炉中，锅炉炉膛中的高温烟气主要靠辐射，也有少量靠对流将热量传至钢管（水冷管）外表面，通过导热又从钢管外壁面传到内壁面，最后再由管子的内壁面主要通过对流也包括导热把热量传给水和水蒸气，从而完成了把热量从高温烟气传给低温水或水蒸气的传热过程。

与电学的相关知识相似，可以利用电阻的形式提出热阻的概念。

①导热热阻 R_λ：$R_\lambda=\dfrac{\delta}{\lambda}$ （$m^2\cdot$℃/W）

②对流热阻 R_α：$R_\alpha=\dfrac{1}{\alpha}$ （$m^2\cdot$℃/W）

③辐射热阻 R_c：$R_c=\dfrac{1}{\alpha_c}$ （$m^2\cdot$℃/W）

④传热热阻 R_k：$R_k=\dfrac{1}{k}$　($m^2\cdot℃/W$)

一般说来，传热方式有导热、对流和辐射，而辐射与对流经常同时出现，并一起传递热量，故属于“并联”的形式，对流与导热则基本上是“串联”的形式，故传热热阻为

$$R_k=\sum R_\lambda+\sum R_T$$

这样，传热的基本规律是

$$q=k\cdot\Delta t\ (W/m^2)$$

式中　k——传热系数，$W/(m^2\cdot℃)$，它与导热、对流和辐射有关。

在锅炉运行过程中，传热效率得不到提高往往是由于某个环节增加了热阻的缘故。锅炉效率的提高大体可以分为燃烧状况的提高和热量的有效利用。燃烧状况提高了，火焰温度也会相应地提高，这样辐射热阻就减小了；燃料燃烧放出的热量如何才能最大限度地有效利用，这就更离不开对热阻的研究了。比如，对受热面进行除灰，除水垢，这些都是降低热阻、改善传热的方法。因此，为了降低锅炉能耗，可以从分析热阻的角度考虑，分步排除，从而找到解决问题的办法。

3.2.4　锅炉内的传热方式

锅炉是一种热力设备。燃料在炉膛内燃烧后，放出的热量通过各种受热面传递给锅内的水或蒸汽。如图 3–5 所示，炉内的热量先由高温烟气传至受热面，如锅筒或管子的外壁，再由外壁传至内壁，最后传给锅水或蒸汽。

锅炉的传热方式有 3 种，即导热、对流和辐射。这 3 种传热

方式的物理本质不同，各有其独自的性质和规律。对锅炉而言，3种方式同时存在；对具体受热面来说，仅是以1种或2种方式为主，其他传热方式相对较弱。

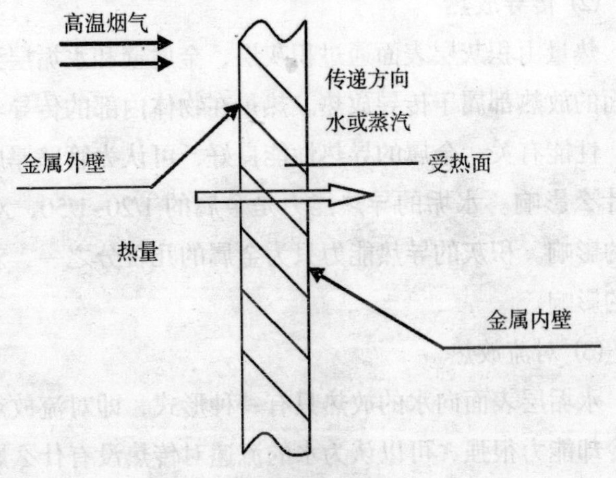

图3–5 炉内换热形式

下面以钢管受热面为例，对传热过程作简要的说明。

剖开一段钢管受热面，管外是烟气，管内是水（或蒸汽、空气）。金属管壁的外表面有一层积灰，内表面有一层水垢。热量由烟气经过管外积灰层、管壁本身、管内水垢层最后传给水。烟气向水的传热过程可分成3个部分。

(1) 烟气向积灰层放热

烟气向积灰层表面的放热有2种方式。

①辐射放热：烟气向积灰层直接辐射而放热。其放热与烟气温度有很大关系，放热的强烈程度大致与烟气温度的四次方成正比。

②对流放热：烟气以某种速度流过受热面，在与管壁接触的

过程中放热。其放热与烟气的速度有较大的关系，速度越大，冲刷管壁越强烈，放热也越强烈。另外，也和受热面的结构布置有关。

⑵ 传导放热

热量由积灰层表面通过积灰层、金属壁和水垢层到达水垢层表面的放热都属于传导放热。热量在物体内部的传导与物体的材料、性能有关，金属的导热性能良好，可认为管壁厚度对传热没有什么影响。水垢的导热能力是金属的 1/20~1/50，对传热有一定的影响。积灰的导热能力只为金属的几百分之一，对传热有较大的影响。

⑶ 对流放热

水垢层表面向水的放热只有一种形式，即对流放热。由于水的冷却能力很强，可以认为水的流速对传热没有什么影响。如果管内流的是蒸汽或空气，那就要选取足够的流速来加强对流放热。

在传热过程的 3 个组成部分中，关键是烟气向管壁积灰层表面的放热。以辐射放热为主的受热面叫做辐射受热面，以对流为主的受热面叫做对流受热面。

从以上例子可以看出，在实际的传热过程中，3 种传热方式往往是同时存在的。我们可以根据实际情况，合理地应用以上介绍的有关公式进行计算。

第 4 章　燃料及燃烧基础知识

4.1 概　述

燃料是锅炉的“粮食”，锅炉燃料分为固体燃料、液体燃料及气体燃料 3 类，见表 4–1。

表 4–1　燃料分类

项　目	天然燃料	人工燃料
固体燃料	木材、煤炭	木炭、焦炭
液体燃料	石油	汽油、煤油、柴油、重油
气体燃料	天然气	高炉煤气、发生炉煤气、炼焦炉煤气

当前，基于我国的能源现状，锅炉燃用的燃料主要是煤炭。煤炭是由有机化合物和无机矿物质组成的一种复杂化合物。按照碳化程度的高低，通常可分为泥煤、褐煤、烟煤和无烟煤。

本章着重介绍作为锅炉普遍燃用的燃料——煤炭。

4.2 煤

4.2.1 煤的成分及主要特征

4.2.1.1 煤的元素成分分析

煤中的碳(C)、氢(H)、硫(S)、氧(O)、氮(N)等元素和水分(H_2O)、灰分(A)称为煤的元素分析成分。

①碳：它是燃料中主要的可燃成分，1kg 碳完全燃烧时放出

3.39×10^7J 的热量；碳元素的着火温度较高。含碳量越高的煤着火燃烧越困难。煤中碳的含量占可燃成分的 50%~95%。

②氢：氢也是煤中重要的可燃成分。1kg 氢完全燃烧放出的热量约为 1.3×10^8J。氢在煤中大多以碳氢化合物的形式存在，煤中氢的含量占可燃成分的 2% ~ 8%。

③硫：煤中的硫是一种有害成分。1kg 硫完全燃烧时放出约 1.1×10^7J 的热量。硫的燃烧产物是二氧化硫(SO_2)和三氧化硫(SO_3)气体，与烟气中水蒸气结合产生亚硫酸或硫酸蒸汽，凝结在金属受热面(省煤器、空气预热器)上会产生腐蚀；二氧化硫和三氧化硫从烟囱排出时会污染大气，对人体和动植物造成危害。

煤中的硫分为有机硫和无机硫 2 大类。无机硫中，硫化铁中的元素硫和有机硫统称为可燃硫；硫酸盐中的元素硫不能燃烧，进入灰分内。在煤中，硫占可燃成分的 8%以下。

以上 3 种元素是煤中的可燃成分。

④氮：氮是煤中的杂质，其含量约占煤的 0.5% ~ 1.5%，对锅炉工作影响不大。

⑤氧：氧是煤中的杂质，不能燃烧。煤中的氧有 2 部分：一部分是游离氧，能助燃；另一部分以化合态存在，不能助燃。

⑥水分：水分是燃料的主要杂质。它的存在降低了煤中可燃成分的含量；在燃烧过程中吸收热量汽化而降低了炉膛温度，使燃料着火困难；水分在燃料燃烧后形成烟气中的水蒸气，排烟时将大量热量带走因而降低了锅炉效率。

煤中的水分由外水分(表面水分)和内水分 2 部分组成。内水分是固有水分，是吸附和凝聚在煤炭内部的一些毛细孔中的水分；外水分是开采、运输、储存及洗选过程中表面留存的水分。

内水分和外水分的总和称为全水分。

⑦灰分：灰分是燃料中不可燃烧的矿物质，也是燃料的主要杂质。固体燃料中，灰分含量可达 50%~60%。

煤中灰分增大，可燃成分减少，燃烧较困难，同时锅炉出灰量大，操作复杂、繁重，大量飞灰从烟囱中飞出，污染周围环境；燃烧灰分多的燃料，锅炉受热面容易积灰，降低锅炉效率；烟气中灰粒较多，烟气流速较高，会磨损锅炉金属表面，降低锅炉寿命。

综上所述，碳是煤中最主要的可燃元素，氢是单位发热量最高的元素，硫是可燃且有害的元素，氮、氧、水分、灰分则是杂质。

4.2.1.2　煤的工业分析

煤的工业分析包括测定煤的水分、灰分、挥发物和固定碳的含量，测定煤的发热量。

(1) 测定水分

取一定量的煤，破碎成 1 ~ 3mm 的颗粒，放在干燥的空气中自然风干，煤即失去外水分，将失去外水分的煤试样放在干燥箱内，在 102~105℃条件下保持 2h 后，试样失去的重量占原试样重量的百分数，即为该煤的水分值。

(2) 测定挥发物

把失去水分的煤放在隔绝空气的条件下，加热到(850 ± 20)℃，烘干的煤逐渐分解，逸出氢、一氧化碳和碳氢化合物等可燃气体，这些气体称为煤的挥发物。挥发物逸出时间一般需 7~10min。挥发物的含量和析出的温度随煤种的不同而不同，如烟煤在 170℃开始挥发，而无烟煤则在 400℃开始析出挥发。

(3) 固定碳和灰渣的测定

煤失去水分和挥发物后，剩余部分成为焦炭。焦炭是由固定碳和灰分组成的。将焦炭烧到重量不再变化时，将其冷却。这时焦炭所失的重量就是固定碳的重量，剩余部分则为灰分的重量，这两个重量所占原试样重量的百分数，即为固定碳和灰分在煤中的含量。

4.2.1.3 煤的成分基准

煤的元素成分分析是用质量分数来表示的。由于煤中水分和灰分含量会因外界影响而变化，所以在实际应用和理论研究时，规定了煤成分的各种基准。通常分为收到基、空气干燥基、干燥基、干燥无灰基 4 种。

①收到基(旧称应用基)：它是以收到状态的煤为基准，以包括全部水分和灰分的煤作为 100%的成分，亦即煤的实际应用成分。收到基以下角标“ar”表示。

②空气干燥基(旧称分析基)：是指煤的受到基在实验室条件(温度为 20℃，相对湿度为 60%)下进行风干后，所得的各种成分的质量分数，用下角标“ad”表示。

③干燥基：煤的干燥基是将煤烘干除去全部水分后，所得组成成分的质量分数，用下角标“d”表示。

④干燥无灰基（旧称可燃基)：煤的干燥无灰基是指从煤中除掉水分和灰分后，分析所得组成成分的质量分数，用下角标“daf”表示。

煤的挥发分含量，通常用可燃基 V_{daf}表示，它反映出煤燃烧的难易程度。

上面 4 种基表示法要根据具体情况和不同需要加以选用。如煤矿的煤质资料常以干燥无灰基作为基数，灰分以干燥基灰分 A_d 表示；水分以分析基水分$(H_2O)_{ad}$表示；锅炉的热力计算中都采用收到基成分来计算。

4.2.1.4　煤的主要特征

(1) 发热量

燃料的发热量是指单位质量(气体燃料是指标准状态下的单位体积)的燃料完全燃烧时所放出的热量，单位是 kJ/kg(固体、液体)或 kJ/m³(气体燃料)。

燃料的发热量有高位发热量 Q_{gr} 和低位发热量 Q_{net} 2 种。高位发热量是指 1kg 燃料完全燃烧后所产生的热量，其中包括燃料燃烧时所生成的水蒸气的汽化潜热。事实上，锅炉排烟温度都较高，烟气中的水蒸气不可能凝结成水而放出汽化潜热。

从高位发热量中扣除了水蒸气的汽化潜热后，则成为低位发热量。我国锅炉技术中习惯于采用低位发热量。

不同种类的煤具有不同的发热量，而且往往相差很大。在锅炉实际运行中，同种型号的锅炉燃烧的燃料不同，在同样时间内耗煤量是不一样的。因此只说煤的消耗量为多少，无法说明锅炉运行的经济性,为此引入了标准煤的概念。所谓标准煤，是指煤的收到基低位发热量是 29270MJ/kg。

不同燃料的消耗量可用下式换算成标准煤的发热量：

$$B_b=\frac{BQ_{ar.net}}{29270} \tag{4.1}$$

式中　B_b——标准煤的消耗量，kg/h；

B——实际煤的消耗量，kg/h。

(2) 焦结性

煤在隔绝空气加热时，水分蒸发，挥发物析出以后残留的物质为焦炭。通常用焦炭的物理性质来表示煤的焦结性，依次分为粉状、黏结、弱黏结、不熔融黏结、不膨胀熔融黏结、膨胀熔融黏结、强膨胀熔融黏结 7 类。

煤的黏结性对层燃燃烧过程有很大影响。如煤的焦结性很弱，燃烧中形成粉状焦炭，气流速度较大时，易被空气吹走，使燃烧不完全；如燃用强焦结性煤，焦炭熔融黏结成一片，使煤炭内部可燃物难与空气接触，燃烧情况恶化，甚至中断。一般来说，层燃炉中不宜燃用不焦结性煤和强焦结性煤。

(3) 灰分的熔点

由于灰分不是单物质，其成分变动较大，因此严格来说没有一定的熔点，而只有熔化温度范围。灰分熔点的高低主要与灰分的成分、周围介质的性质和煤灰量多少有关。煤中灰分的主要成分是 SiO_2，CaO，Al_2O_5 和各种氧化物。

目前测定灰分的熔点是采用角锥法，即用模子将灰分压成直角或等边三角形锥体，底边长 7mm，高 20mm，然后把灰锥放入温度可以调节的、充有适量还原性介质的电炉中逐步加热，并记录以下几个温度：

变形温度 t_1：灰锥尖端开始变圆或弯曲时的温度；

软化温度 t_2：灰锥顶端由于弯曲而触及锥底平面或整个灰锥变成球形时的温度；

熔化温度 t_3：灰锥完全熔化成液态并能在底面上流动的温度。

工业上一般以灰分的软化温度 t_2 作为衡量其熔融性的主要指标。t_2>1425℃的灰称为难熔融性灰，t_2 在 1200~1425℃之间的叫做熔融性灰，t_2<1200℃的叫做易熔融性灰。

4.2.2　煤的分类

我国工业锅炉用煤主要依据煤的挥发分并参考水分、灰分的含量来分类。

(1)无烟煤

无烟煤的挥发分含量最低，一般 $V^r \leqslant 10\%$，且挥发分析出的温度也较高，因而着火困难，燃尽也不容易，但它燃烧时没有煤烟，仅有很短的青蓝色火焰，焦炭也没有黏结性。无烟煤的埋藏年代最久，碳化程度最深，因而含碳量高，一般 $C^y \geqslant 40\%$，最高可达 95%；而灰分也不大，A^y=6%～25%(少量>30%)；水分也很低，W^y=1%~5%。所以发热量都很高，一般 $Q_{dw}{}^y$=25000~32500kJ/kg。

无烟煤俗称白煤，表面呈明亮的黑色光泽，密度较其他煤大，且质地坚硬，不易碎裂，便于远途运输。我国无烟煤的储藏量较大，仅次于烟煤，多分布于华北、西北和中南地区。

(2) 烟　煤

烟煤的挥发分含量较高，范围也较宽，一般 V^r=10%~45%。它的碳化程度较无烟煤浅，含碳量 C^y=40%~60%，少数可达 75%；一般来说，灰分 A^y=7%~30%，但高者可达 50%；水分 W^y=3%~18%。总的来说，烟煤由于含碳量多，含氧量少，水分不大，灰分一般也不高，因而发热量也相当高，$Q_{dw}{}^y$=20000~30000kJ/kg。

烟煤表面呈灰黑色，有光泽，质松软。

为了更合理地组织燃烧工况，给设计工作创造有利的条件，在烟煤中又特别分出了贫煤及劣质烟煤。

贫煤：挥发分含量较低，V^r=10%～20%，着火较困难，但不结焦。

劣质烟煤：挥发分中等，但水分高，灰分更高，因而发热量较低，其 V^r=20%~30%，W^y≈12%，A^y=40%~50%，Q_{dw}^y=11000~12500 kJ/kg。

这两种烟煤的着火及燃烧均不容易，在设计锅炉时，应采取适当措施。

烟煤的结焦性能各不相同，有的呈粉状(如贫煤等)，有的却呈强焦结性(优质烟煤多属此类)，后者一般供炼焦工业使用。但在精选炼焦煤的过程中所获得的副产品，如洗中煤和煤泥等也属劣质烟煤，常用做锅炉燃料。它们的水分及灰分均较高，而发热量较低，如洗中煤：W^y=10%左右，A^y 可高达 50%左右，Q_{dw}^y=13000～20000kJ/kg；煤泥：W^y=20%左右，有时达 30%，A^y>40%，Q_{dw}^y=10000～18000kJ/kg。它们的挥发分均随原煤煤种而异，洗中煤 V^r 约为 17%～40%，而泥煤 V^r>40%。

⑶ 褐 煤

褐煤的挥发分含量较高，V^r=40%～50%，甚至达 60%，而挥发分的析出温度很低，所以着火及燃烧均较容易。褐煤的碳化程度次于烟煤，含碳量 C^y=40%～50%，但水分及灰分很高，W^y=20%～50%，A^y=6%～50%，因而发热量低，Q_{dw}^y=10000～21000kJ/kg。

褐煤表面多呈褐色，少数呈黑色，质脆易风化，不易储存，也不宜远途运输。

褐煤主要分布于我国东北、西南等地。

⑷ 泥 煤

泥煤的碳化程度最浅，因而含碳量少，含氧量高，O^y=30%左右；水分很多，一般 W^y=40%~50%，高者达 90%；灰分多者可

达 A^y=30~50%，少者仅 1%~4%。泥煤的发热量很低，Q_{dw}^y=8000 ~ 10000kJ/kg，挥发分很高，V^r=70%左右，容易着火，且不结焦。

泥煤分布于我国西南及浙江等地。

此外，过去被当做废品的煤矸石(或石子煤)，近年来也被当做锅炉燃料而加以利用，并取得了一定成果。它是夹于煤层中的含可燃物很低的坚硬石块，Q_{dw}^y=4000 ~ 8000kJ/kg，一般锅炉无法单独燃烧，但可与其他煤掺烧，亦可在沸腾炉中使用。

固体燃料除煤以外还有油页岩，它是一种片状的含油岩石，发热量很低，Q_{dw}^y=6000 ~ 11000kJ/kg；灰分及挥发分均很高，A^y=70%左右，V^r=70% ~ 80%。目前已用做锅炉燃料。我国东北及南方均有储藏。

表 4–2 列出了我国工业锅炉用煤分类。

表 4–2　我国工业锅炉用煤分类

燃料种类		V^r/%	W^y/%	A^y/%	Q_{dw}^y/(kJ/kg)
石煤	Ⅰ类			>50	<5500
	Ⅱ类			>50	5500~8400
	Ⅲ类			>50	>8400
煤矸石				>50	6300~11000
褐煤		>40	>20	>30	8400~15000
无烟煤	Ⅰ类	5~10	<10	>25	15000~21000
	Ⅱ类	<5	<10	<25	>21000
	Ⅲ类	5~10	<10	<25	>21000
贫煤		>10 <20	<10	<30	≥18800
烟煤	Ⅰ类	≥20	7~15	>25，<40	>11000~15500
	Ⅱ类	≥20	5~10	<25	>15500~19700
	Ⅲ类	≥20	10~20	>60	>19700
页岩			10~20	>60	<6300
甘蔗渣		≥40	≥40	≤2	≤6300~11000
燃料油					40600~43100
天然气					33500~37700

4.2.3 各种燃烧设备所适用的煤种

为了提高锅炉的热效率，不同的燃烧方式应该选择不同的煤种。下面是几种典型燃烧方式适用的煤种及颗粒度要求。

①往复炉排炉(倾斜炉排)只适用烧发热量为 12600kJ/kg 的中热值、高水分、粒度适中、有一定灰分的煤。

②抛煤机炉适用煤种较多，主要是高水分的褐煤、烟煤和无烟煤，煤的颗粒度在 3~6mm 为宜；水分不能太高，以免影响抛煤机工作。

③流化床锅炉，煤种适应性很广，可以烧劣质煤(石煤、煤矸石等)，也可以烧褐煤、贫煤和烟煤等。流化床锅炉在燃料颗粒度上要求很严格，一般规定的粒度范围在 0~8mm。

④链条炉排所燃用的燃料应满足如下要求：

a. 水分较低，$W_{ar}<20\%$。

b. 灰分低，$A_{ar}<20\%$。

c. 灰分熔点较高，$t_3>1200$℃。

d. 煤块大小适宜，烧烟煤时，最大煤块不超过 50mm，6mm 以下的煤末不超过 15%。烧无烟煤时，最大块颗粒直径不超过 35mm，煤末含量不超过 10%。

e. 不具有强焦结和易碎裂的特性。

4.3 燃烧基础知识

4.3.1 煤的燃烧反应

所谓燃烧，是指燃料中的可燃物质与空气中的氧在高温状态下进行剧烈化合，并放出大量光和热的化学反应过程。

基本化学反应方程式如下：

$$C+O_2 \rightarrow CO_2+32860\ (kJ/kg)$$

$$2H_2+O_2 \rightarrow 2H_2O+120370\ (kJ/kg)$$

$$S+O_2 \rightarrow SO_2+9050\ (kJ/kg)$$

上述化学式表示的是燃料的完全燃烧反应。燃料在炉内的燃烧程度，取决于供给空气(氧气)是否充足以及空气与燃料混合是否良好。如果空气不足或混合不好，则燃料中的碳发生不完全燃烧而生成一氧化碳，所放出的反应热也相应减少。即

$$2C+O_2 \rightarrow 2CO+9270\ (kJ/kg)$$

4.3.2　煤的燃烧过程

煤的燃烧过程可以分为以下 4 个阶段。

①煤的预热和干燥。

燃料进入炉内，在炉内高温烟气、炉墙、燃料层的高温辐射下，燃料温度逐渐升高，燃料中的水分开始汽化逸出，当达到100℃时，水分的蒸发特别强烈。煤的水分越多，加热至着火温度所需的热量越多，所需时间也就越长，直到完全烘干。在炉膛内加热和干燥燃料的热源有 2 个：一个是与燃料接触的夹带正在燃烧的碳粒的高温烟气，另一个是火焰和拱墙对燃料的辐射热。因此，炉内温度越高，新燃料与高温烟气接触越强烈，则越能缩短燃料加热干燥和着火所需要的时间。在这个阶段中，燃料尚未燃烧，因此也不需要供给空气。这一阶段的特点是要求供给足够的热量，保证干燥所需的时间，但并不要求供应燃烧用的氧气(空气)。

②挥发分的析出和焦炭的形成。

燃料温度继续升高，燃料开始热分解并析出挥发分。不同的燃料，由于燃料中的碳、氢、氧等结合情况是不相同的，即燃料的结构不一致，析出挥发分的温度也不一致，褐煤开始放出挥发分的温度在 130 ~ 170℃，烟煤为 170 ~ 260℃，贫煤为 390℃左右，无烟煤为 380 ~ 400℃。对于需要较高温度才能开始放出挥发分的燃料，以及当燃料的水分较高时，为使燃料能很快地被烘干并放出挥发分，应设法使燃烧室维持较高的温度。为此，炉膛内不应布置过多的水冷壁，以减少受热面的吸热量。

挥发分的析出量还与加热速度有关：层燃炉加热速度慢，生成量少；煤粉炉加热速度快，生成量多，挥发分含量高的可达30%~40%，发热量约为煤的 50%。在这一阶段中，燃烧条件仍然是温度(热量)起主要作用，也要保证一定的时间，而需要的空气量仍然不多。

③可燃气体和焦炭的燃烧。

挥发分析出后，由于挥发分都是 C，H，O，N，S 的有机化合物，很容易着火，只要析出的挥发分有足够的浓度，炉内燃烧温度足够高，挥发分就开始着火，它形成黄色的明亮火焰。挥发分燃烧将放出大量热量并为以后的焦炭燃烧提供良好的燃烧条件。但另一方面，挥发分燃烧需要大量的空气，其燃烧强度取决于空气向挥发分燃烧火焰表面扩散的速度，这就是扩散燃烧。挥发分燃烧将放出大量的热量，这部分热量就可以用来供给燃料完成前两个阶段燃烧过程所需的热量，从而使燃烧不依赖外在热源而继续下去，因此，有时粗略地把挥发分着火温度看做燃料的着火温度。但此时因温度低而燃烧速度很低，为了提高燃烧速度，就要把煤粒加热到更高的温度，有的资料上称这个温度为煤的着火温度。所谓燃料的着火温度，通常都把燃料已发生激剧氧化反应并放出大量热量、可以不依靠外来热源继续燃烧的最低温度作为该燃料的着火温度，它可以用来判断燃料着火的难易程度和着火的大致范围。综上所述，挥发分燃烧阶段是扩散燃烧，空气供应量是十分重要的，在这个阶段中，温度提高可以使燃烧反应速度加快，对燃烧也是有利的。

④焦炭的燃尽和灰渣的形成。

挥发分析出并燃烧后，开始进入焦炭燃烧阶段。焦炭燃烧是表面燃烧，它的燃烧进度取决于燃料中可燃碳和氧化合的化学反应速度以及氧向焦炭表面的扩散速度。当温度低于 900~1000℃时，化学反应速度应小于氧气向反应表面的扩散速度，此时，氧气供应十分充分，总的燃烧速度取决于化学反应速度。当温度高于900~1000℃时，化学反应速度随温度升高呈指数增加，它很快增加到与氧向表面的扩散速度相当，再提高温度，化学反应速度就远远超过氧向表面的扩散速度，此时，总的燃烧速度就取决于氧的输送速度了。也就是说，只要有氧气扩散到燃烧表面，氧气就立即全部用于燃烧消耗掉，而氧的扩散速度就决定着总的燃烧速度。由于大多数锅炉的燃烧设备是处于上述两种情况的过渡区，因此，燃烧温度和氧向表面的扩散速度都是重要的。此外，燃烧焦炭表面往往有一层气膜，它是氧气向燃烧表面扩散的阻力，风速愈高，气膜阻力越小，燃烧就越旺盛。

燃料在可燃物燃尽后就形成灰渣。由于固体燃料燃烧后期焦炭的燃烧是表面燃烧，燃尽过程是从外部向内部进行的，因此，煤粒外部会先形成灰壳。灰壳的形成将阻止氧气向内部扩散，被灰壳包住的可燃物就很难再进一步燃烧。特别是多灰燃料更为严重。为了使燃料可燃成分能全部燃尽，就要设法破坏灰壳。另外，燃烧温度和燃烧时间在这个阶段中对保证燃料的燃尽是很重要的，而供应的空气量则不必很多。

燃烧阶段的划分不是绝对的，在燃烧过程中，有些阶段是相互交错进行的。当煤放出水分并加热至着火温度之前，就开始放出挥发分；在放出挥发分进行热分解的同时，也发生挥发分的燃烧；在挥发分没有烧完之前，固体焦炭的氧化就开始了；并且在焦炭未烧完之前，灰渣就开始形成了。

煤在炉内燃烧的各个阶段所需时间长短是不一样的。它不仅与燃料性质有关，而且与燃烧设备的结构及运行操作方法有关。挥发分的燃烧所需时间很短，如褐煤，其挥发分燃烧时间只占总燃烧时间的$\frac{1}{10}$左右。

当挥发分着火后，在焦炭附近形成燃烧区，焦炭被加热，在挥发分快燃尽时，焦炭温度已很高。局部表面就开始燃烧，发亮，然后逐渐扩展到整个表面燃烧。这时在碳粒周围只有极短的蓝色火焰，它主要是由 CO 燃烧形成的。在焦炭的燃烧阶段，仍有部分挥发分继续析出，但是对燃烧起主要作用的是焦炭。焦炭的燃烧时间约占全部总燃烧时间的$\frac{9}{10}$。

燃烧过程的最后阶段，由于氧气浓度减少，焦炭周围被惰性气体和灰包围，焦炭也快烧完，燃烧所放出的热量小于传出去的热量，温度开始下降，使燃烧反应开始变慢，这便是煤的燃尽阶段。在锅炉的燃烧过程中，为了减少机械不完全燃烧热损失，煤在燃尽阶段要在炉内停留较长的时间，使残留在炉渣中的焦炭尽量燃尽。链条炉设有的老鹰铁让灰渣在炉内停留一段时间，并供给少量空气，就起着这样的作用。

当煤的可燃部分进行燃烧时，含在煤中的矿物质也发生变化。在温度约达 300℃时，矿物质开始失去结晶水，温度更高时，有些矿物质分解成氧化物，继续提高温度，形成液态共熔体，并将难熔灰分熔化。而后，随着燃烧过程的推移，灰被带到炉子较冷的地方时，又将凝固。凝固的灰一部分成为炉渣，落入灰坑；一部分被烟气带走，形成飞灰。

煤中矿物质的化学成分和炉膛内气体的成分，对灰渣特性有很大影响。炉内的温度、气流以及所用的燃烧方法，也影响到灰渣的处理。将灰分顺利地、连续不断地从锅炉中排出，是保证锅炉正常燃烧和运行的重要过程。

4.3.3 影响燃烧的因素

在锅炉的运行实践中，我们知道，当锅炉烧好煤时(挥发分大，水分小，发热量高)，燃料就容易着火，燃烧也比较稳定；而燃烧劣质煤时着火就困难，燃烧也不稳定，甚至会出现跑火、断火、灭火的现象。这说明，燃烧的好坏与燃料的化学性质(如挥发分 V^r 的大小等)是有关的。另外，热态锅炉比冷炉点火要容易得多，燃料很快就可以点燃并稳定燃烧，而冷炉点火就比较困难。这说明，燃烧过程与温度条件的关系很大。理论研究和锅炉的运行实践都表明，燃烧过程进行的速度与下列因素有关：

①燃料的化学性质；

②参与燃烧物质(燃料和空气)的浓度；

③燃烧过程中的温度、压力及混合情况。

此外，也与某些物质的催化作用有关。

在温度一定的条件下，燃烧进行的速度与送入炉膛中燃料和空气的多少成正比，即参加燃烧物质的浓度越大，燃烧速度越快。

锅炉燃烧中，炉内温度是重要因素。随着温度的增加，燃烧速度也随之加快。在一定条件下，炉内温度水平较高时，送入炉内的燃料就会迅速着火燃烧，燃料很快燃尽，其机械不完全燃烧热损失较小。锅炉调整燃烧工况时，常常通过提高炉内的温度来强化燃烧。试验表明，温度增加 10℃，燃烧速度可以增加 1~2 倍。

压力对燃烧速度也是有影响的。在一定条件下，燃烧速度和压力成正比，炉内压力越大，燃烧速度越快。因此，在锅炉强化燃烧的措施中，也有采用压力燃烧的锅炉(压力大于 1 个大气压)，如正压锅炉，即是通过提高燃烧室内的压力来强化燃烧的。

混合情况对于燃烧过程有很大的影响，如果炉膛内燃料和空气混合不均匀，一些地方氧量不足，烟气中只有燃料而没有氧，即使炉温很高，燃烧也不能继续进行。如果空气不能充分、及时地供应，燃烧就不能完全。因此，燃料与空气的混合接触速度是决定燃烧速度及燃烧完全程度的主要因素。

对于烧煤粉和油的悬浮燃烧方式，燃料和空气在着火前分别从喷燃器送入炉膛，在炉内一边混合一边燃烧，燃烧的速度往往取决于混合速度。这时要强化燃烧过程，应设法改善混合条件，如增大空气与燃料的相对速度，加强气流的扰动等，此时，燃烧温度不是提高燃烧速度的主要因素。

在实际燃烧过程中，往往需要同时考虑温度条件和混合条件，因为它们是互相关联、互相影响的。比如，高温下本来可以有很高的燃烧速度，但如果混合速度很低，导致参与燃烧的氧浓度降低，实际进行的燃烧速度仍可能很低。因此，温度较高情况下的燃烧速度实际上等于混合速度。当温度较低而混合情况较好时，燃烧速度又常常取决于温度条件。要强化炉内燃烧过程，既要尽可能地提高炉膛温度，又要尽可能地加强燃料与空气的扰动混合，加快燃料和空气的接触速度。催化剂对燃烧速度也是有影响的。试验证明：非常干燥的一氧化碳，在纯氧中被加热到700℃也不能发生反应；但如果加入少量的水蒸气，就能很快燃烧起来。水蒸气就是一氧化碳的催化剂。

炉内燃烧过程不仅与浓度、温度、压力、混合状况等因素有关，而且与燃烧过程的热力条件有关。燃料在炉内燃烧的过程中放出热量，一部分被水冷壁等受热面吸收，另一部分用来提高燃烧温度。当受热面吸收的热量大于燃烧所放出的热量时，燃烧物质的温度不高，燃烧速度也不快；当燃烧所放出的热量大于受热面吸收的热量时，燃料和空气这一混合物的温度就会逐渐升高，燃烧就越来越剧烈。燃用劣质煤的层燃炉，炉膛内前、后拱的覆盖面积很大，只布置较少的水冷壁，就是为了减少炉内受热面的吸热量，提高燃烧温度，以期获得较好的燃烧效果。

在实际的锅炉燃烧室中，如何才能使燃料可靠迅速着火以及稳定地燃烧呢？从以上分析可以看出，由于在实际的锅炉燃烧室中，燃料不断送入，燃烧产物不断排出，可以认为浓度不变，显然，影响燃料着火的主要因素是温度及散热条件，即提高温度，减少散热，就会使送入的新燃料迅速着火并很快达到稳定燃烧。因此，送入炉膛的燃料往往是尽可能预先进行干燥，空气最好也预先进行加热，燃料送入炉膛后，又要尽快使温度升高。对于机械化层燃炉来说，尽量减少火床前部的一次风量，能满足着火时所需的一定风量就可以了，并想办法利用炉膛内的高温烟气及拱墙的辐射热，迅速加热送入炉内的燃料并使之着火。这就要求炉膛结构有良好的性能，既能使一次风和燃料迅速混合燃烧，又能驱使高温烟气流向炉膛前部。对于燃烧困难的燃料，在火床周围将一些辐射受热面涂上耐火涂料层，目的是减少辐射受热面的吸热量。当燃料燃烧放出的热量等于工质吸收的热量时，燃烧就进入相对稳定的阶段。为使燃料能稳定地燃烧，还必须保持在燃料表面处有一定的氧浓度。这表明，燃烧速度不仅与温度有关，而且还与参加燃烧的物质之间的接触混合情况有关。为使燃烧速度加快，就需要提高风速，迅速补充燃烧所需要的氧量，加强炉膛内的气流扰动，因此也可送入强烈的二次风。

燃料的燃烧能否持续下去，以及能否维持一个稳定的燃烧状态，与燃料本身的一些性质也有很大关系。有的着火很容易，但要继续燃烧，却非常缓慢；有的着火虽然很难，但一旦着火，燃烧却很剧烈。下面列举一些由于燃料特性和状态不相同，对燃烧所能够产生的影响。

①燃料发热值越大，能够产生的反应温度越高，对以后的分子活化过程越有利，则燃烧就越容易进行。

②燃料中含有的不可燃物质会占用热量，使温度难以升高。因而，燃料中的不可燃物质含量越少，就越容易燃烧。

③燃料与氧的接触面积越大，氧化反应的机会越多，燃烧就越容易。比如，煤被磨成粉状后，由煤粉喷燃器喷入炉内燃烧，就是由于增大了煤粉与空气中氧的接触面积而加快了燃烧速度。

④导热系数较小者容易燃烧。如果放出的热量立刻散逸，那么燃烧就难以继续进行。在气体、液体和固体燃料中，气体燃料的导热系数最小，燃烧最容易。

⑤越容易产生可燃气体并且可燃气体含量越多的燃料，就越容易燃烧。如含挥发分较多的煤，燃烧过程中产生大量的可燃气体，燃烧由煤粒的表面转为空间进行，则燃烧就变得容易进行。

⑥燃料中水分越少，就越容易燃烧。因为蒸发燃料中过多的水分，将耗用大量的热量，使得燃烧温度不易提高。

燃料在锅炉燃烧室中的燃烧是在十分复杂的条件下进行的。为使燃料迅速点燃并保持连续稳定的燃烧状态，其影响因素也是多方面的(如燃料的性质，空气量的大小，气流的温度和速度，燃烧室的结构形状和大小以及散热条件，等等)，而且在不同的燃烧阶段，各种因素的影响程度也不尽一样，因此，应根据具体情况组织合理的燃烧，寻求最佳的燃烧方式。

4.3.4　完全燃烧应当具备的条件

煤在炉内的燃烧，应该做到既快又完全，烧得快可以保证锅炉出力，烧得完全可以提高锅炉效率。从前面分析煤的燃烧过程和影响燃烧的各种因素中，我们知道，要使燃料能迅速完全地燃烧，必须创造以下 4 个良好的燃烧条件：相当高的炉内温度，供给合适的空气量，燃料与空气的充分混合，足够进行燃烧反应的炉内停留时间。

(1) 相当高的炉内温度

炉内温度越高，则燃烧反应越快，燃烧需要的时间越短，这说明提高温度对于强化燃烧、加快燃烧速度是有好处的。根据化学研究表明，炉膛温度每升高10℃，燃烧速度可提高1~2倍。但是对于完全燃烧来说，并不一定温度越高越好。

实践证明，燃烧区域温度低于1000℃，化学反应速度变慢，即使其他条件很好，也会发现有不完全燃烧的固体或气体可燃物。但是，当温度超过1800℃，由于温度太高，尽管其他的燃烧条件很好，但燃烧产物内总会出现气体可燃物，同样会造成燃烧不完全。要使燃料真正达到完全燃烧的目的，实际上，当温度在1000~1800℃时，若燃料与空气混合得很好，就能保证完全燃烧。当然，在这个温度范围内也可能会出现不完全燃烧的现象，但主要不是受温度因素的影响，而是由于缺少空气($\alpha<1$)或是混合不良、或是燃料在炉内停留时间太短等原因造成的。

(2) 适当的空气量

燃料燃烧是需要一定空气量的，若空气不足($\alpha<1$)，就不可能使燃料完全燃烧，从而引起机械不完全燃烧和化学不完全燃烧热损失的增加。为使燃料能完全燃烧，常使炉内的过剩空气系数大于1($\alpha>1$)。但空气量也要适当，不能过大。过剩空气量过大，会使炉内温度降低，使燃烧反应速度变得缓慢，同时又会造成锅炉排烟量不必要的增大，加大了排烟热损失，也是十分不经济的。因此，要注意根据燃料的特性和锅炉的特点，选择适当的过剩空气系数。

当过剩空气系数为1时，如能达到完全燃烧，燃料和空气混合物放出的热量最大。为此，要达到燃料和空气混合物在炉内放出最大的热量，应使过剩空气系数接近或等于1。但由于炉内空气与可燃物达到完全理想的混合程度存在着较大的困难，原因是在炉内不能保证每一个可燃物分子与氧分子都接触到，所以在实际运行中，过剩空气系数总是大于 1，才可能达到完全燃烧，使燃料放出较多的热量。

(3) 燃料和空气的充分混合

空气充足是燃料能完全燃烧的一个重要条件，但若空气和燃料混合得不好，当可燃物正需要空气进行燃烧反应时，空气中的氧不能与可燃物充分接触的话，完全燃烧也不可能实现。因而，燃料和空气混合得越好，则燃烧越完全，并且所需的过剩空气量也可少些。

对于炉排上的层燃燃烧，只有提高空气通过煤层的速度，造成空气对碳表面的强烈冲刷，才能使碳与氧很快地接触，不然则是混合接触条件很差。而煤在炉膛中的空间燃烧，则因燃烧的是颗粒很小的煤粉，加上二次风的强烈扰动，所以接触条件较好。

锅炉燃烧中投入二次风，是组织合理燃烧工况的一项重要措施，它可以使炉内可燃物和空气充分混合，并起到补充一部分氧气的作用。除此之外，炉内气流混合情况还与炉型、燃烧设备的结构和布置形式等有关。

(4) 足够的炉内停留时间

燃料的完全燃烧需要一定的时间。煤在炉子中停留时间过短，中间的碳核可能烧不完。煤在炉排上燃烧，煤块越大，完全烧透所需要的时间越长，所以链条炉排的移动速度要控制好，而且大煤块应破碎成较小的煤块。

烧煤粉的炉子，煤粉从喷燃器到炉膛出口一般要经过 2~3s 的时间。如果气流组织不好或将过多过粗的煤粉送入炉内，都会造成机械不完全燃烧损失的增大。

在炉膛结构上也要注意燃烧方面的要求，如果炉子容积不够，或炉排、炉膛热强度过高，都可能缩短煤在炉内的停留时间，使煤在炉内难以燃尽。

以上所讲的完全燃烧的4个必要条件，是彼此联系、相互影响的，四者缺一不可。另外，4个条件在不同的燃烧阶段里，起作用的程度是不一样的。如在点火阶段，温度的作用是主要的，提高温度，燃料就会迅速着火。挥发分析出将近结束、燃烧正是旺盛的时候，足够的空气量、较高的风速和充分的混合是非常重要的。在焦炭燃尽及灰渣开始形成的阶段里，燃烧温度降低，氧量减少，气流的扰动冲刷作用逐渐消失，燃烧过程就缓慢，此时就需要足够的停留时间，以待碳核的最后燃尽。然而，当前3个完全燃烧的条件能得到充分满足的话，常常就能保证第4个条件所需要的炉内停留时间。

4.4 典型的燃烧方式

燃烧方式的种类很多，但比较典型的燃料在炉内的燃烧方式有4种，即层状燃烧、悬浮燃烧、旋风燃烧和沸腾燃烧。

(1) 层状燃烧

层状燃烧又称火床燃烧。层状燃烧方式的特点是燃料在炉排上形成一定厚度的燃料层进行燃烧，其中只有少量的细屑被吹到燃烧室的空间内形成悬浮燃烧。层状燃烧适用于各种固体燃料。这种燃烧方式的主要优点是燃料层能保持相当大的热量，燃烧容易稳定，不易造成灭火；同时，新进入的燃料能与着火燃料接触和受到烘烤，点燃条件好。主要缺点是只能燃用固体块状燃料，且燃料和空气混合条件较差。层状燃烧方式广泛应用于各种型式的工业锅炉中，不适用于大容量发电锅炉。

(2) 火室燃烧

火室燃烧方式的主要特点是没有炉排而只有一个高大的炉膛，燃料随空气一起运动，燃烧的各个阶段均在悬浮状态下进行，燃料在炉内停留的时间很短，一般不超过 2~3 s。显然，这种燃烧方式适用于气体或液体燃料。但如果能预先将固体燃料磨碎成微细的粉末，以保证与空气充分地混合，则在 2~3 s 内基本达到完全燃烧也是可以的。这种燃烧方式的优点是燃料和空气的接触面积大，燃烧强烈，比层状燃烧的燃烧速度快、效率高，能适应大容量锅炉的需要，因此应用很广；主要缺点是有时燃烧不易稳定，燃料与空气的相对运动速度小，飞灰量较多。

(3) 沸腾燃烧

沸腾燃烧是使空气以适当的速度通过炉床(即布风板)，将煤粒吹起使煤粒悬浮于床层的一定高度范围内，煤粒与空气混合成像液体一样具有流动性的流体。床层中心气流的速度最大，煤粒向上运动，床层边缘的气流速度最小，煤粒向下运动，形成煤粒的上下翻腾，就像煮开的水，所以称为沸腾燃烧。

沸腾炉煤种适用性广，特别是在烧劣质煤方面显示了它的优越性。一般煤粉炉和层燃炉不能燃烧的劣质煤，在沸腾炉中都可以很好地燃烧，甚至过去认为难以燃烧而只能废弃掉的煤矸石或石煤(低位发热值仅在 4186.8kJ/kg(计 1000kcal/kg)左右)，也能在沸腾炉中正常稳定地燃烧。这种锅炉得到了国内外的普遍重视并得到了一定的发展，目前存在的主要缺点是受热面磨损严重；排烟中的含尘量大，要求运行人员有较高的操作水平。

(4) 旋风燃烧

旋风燃烧方式的特点是空气及燃料沿切线方向送入旋风筒

(旋风燃烧室内)，在这个较小的空间内，气流以60～150m/s的高速带着燃料形成强烈的旋涡流动，来强化燃烧。在燃烧过程中，燃料颗粒因受离心力的作用，大部分沿旋风筒的内壁运动，并在筒内壁的熔融灰渣层表面迅速进行燃烧，熔渣沿筒壁流向排渣口而排出炉外。煤粒在贴内壁旋转运动时，在溶渣层的粘滞作用下，运动速度很低，与高速流动的烟气有很大的相对速度。这个相对速度比煤粉炉的要大得多，从而加剧了燃烧反应，使燃烧速度比煤粉炉约快3倍。而且，煤粒在贴内壁旋转的情况下，由于运动缓慢，大大增加了在燃烧室内的停留时间，使得煤粒有足够的时间燃尽。因此，在旋风炉中可以采用较高的容积热强度，使燃烧集中在较小的空间内进行，从而形成很高的室内温度，获得稳定的燃烧。

旋风燃烧方式的优点是煤种适应性较广，燃烧稳定、强烈且较完全，排渣能力强，过剩空气系数小，因此燃烧经济性较高；主要缺点是燃烧设备的结构复杂，通风消耗能量高，在燃烧高灰分煤种时灰渣物理热损失大。图4-1是典型的燃烧方式示意图。

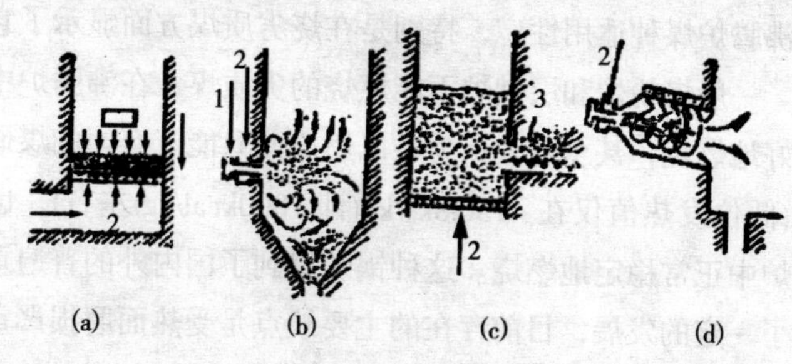

图4-1　典型的燃烧方式

(a) 火床燃烧；(b) 火室燃烧；(c) 沸腾燃烧；(d) 旋风燃烧
1—煤粉；2—空气；3—煤

第5章 工业锅炉的热效率及热损失

5.1 概 述

热效率是工业锅炉的重要技术经济指标，它表明锅炉设备的完善程度和运行管理水平。提高锅炉的热效率可以节约燃料，是锅炉运行管理的一个重要方面。

燃料输入锅炉的热量，一部分转化为锅炉所输出的蒸汽或者热水所携带的能量，这部分为锅炉的有效利用热。锅炉的热效率表示有效利用热与燃料输入热量的比值，如热效率为70%，则表示有70%的燃料输入热量被有效利用，而另外30%的燃料输入热量则在锅炉所进行的能量转化过程中损失掉了，这部分损失的热量称为热损失。锅炉的热损失分为排烟热损失、固体(机械)不完全燃烧热损失、可燃气体未完全燃烧热损失、散热损失及灰渣物理热损失等。

锅炉的热效率通过锅炉的热效率(热平衡)试验来进行测试。热效率试验的主要作用如下：

①测定锅炉的出力(蒸发量或者产热量)和效率，用以判断锅炉的设计、制造、安装及运行水平，或者判断改装、改造锅炉的技术经济效果；

②测定锅炉的各项热损失，分析损失的原因，为提高锅炉效率、制订节能措施指出方向；

③通过锅炉的调整试验，针对特定的燃料，找出该台锅炉的合理运行方式及有关技术数据，制订正确的运行操作规程。

以上所说的锅炉热效率，又称锅炉的毛效率。它仅从锅炉有效利用的热量占锅炉输入热量的百分数来表示。锅炉运行时，锅炉房本身生产要消耗一些蒸汽，称为“自用气”。如热力除氧、蒸汽吹灰、蒸汽二次风等，都要消耗蒸汽。此外，锅炉房还有电能消耗。如引风机、水泵、带动炉排运动的电机、制粉、输煤系统等，都要用电。

扣除自用气和电能消耗，而计算出的锅炉效率称为锅炉的净效率。

应当注意，提高锅炉效率，除了要降低锅炉热损失、提高锅炉热效率外，还要节约自用气和电能。

5.2 工业锅炉热效率的基本要求

5.2.1 工业锅炉产品的热效率

JB/T 10094—2002《工业锅炉通用技术条件》对工业锅炉产品的热效率作出了规定。在满足该标准规定的使用条件，且在使用燃料满足设计和订货合同要求的情况下，层状燃烧锅炉的热效率不应低于表 5–1 的规定，抛煤机链条炉排锅炉的热效率不应低于表 5–2 的规定，流化床燃烧锅炉的热效率不应低于表 5–3 的规定。

表 5–1　层状燃烧锅炉的热效率

燃料条件		燃料收到基低位发热值 $Q_{DCL,V,ar}$ /(kJ/kg)	锅炉容量 / (t/h 或 MW)				
			$D<1$ 或 $D<0.7$	$1\leqslant D\leqslant 2$ 或 $0.7\leqslant D\leqslant 1.4$	$2<D\leqslant 8$ 或 $1.4<D\leqslant 5.6$	$8<D\leqslant 20$ 或 $5.6<D\leqslant 14$	$D>20$ 或 $D>14$
			锅炉的热效率 /%				
烟煤	Ⅱ	$17700\leqslant Q_{DCL,V,ar}\leqslant 21000$	71	74	76	77	78
烟煤	Ⅲ	$Q_{DCL,V,ar}>21000$	73	76	78	79	80
贫煤		$Q_{DCL,V,ar}\geqslant 17700$	69	76	78	79	80
无烟煤	Ⅱ	$Q_{DCL,V,ar}\geqslant 21000$	58	61	64	66	69
无烟煤	Ⅲ	$Q_{DCL,V,ar}\geqslant 21000$	63	68	72	74	77
褐煤		$Q_{DCL,V,ar}\geqslant 11500$	69	72	74	76	78

注 1：小于 1t/h 或小于 0.7MW 燃煤手烧锅炉的热效率，允许比表中相应的规定值降低 3%。

注 2：表中未列的燃料的锅炉热效率指标由供需双方商定。

注 3：各燃料品种的干燥无灰基挥发分（V_{daf}）的范围为：烟煤，$V_{daf}>20\%$；贫煤，$10\%<V_{daf}\leqslant 20\%$；Ⅱ类无烟煤，$V_{daf}<6.5\%$；Ⅲ类无烟煤，$6.5\%\leqslant V_{daf}\leqslant 10\%$；褐煤，$V_{daf}>37\%$。

表 5–2　抛煤机链条炉排锅炉的热效率

燃料条件		燃料收到基低位发热值 $Q_{DCL,V,ar}$ /(kJ/kg)	锅炉容量 / (t/h 或 MW)	
			$6\leqslant D\leqslant 20$ 或 $4.2\leqslant D\leqslant 14$	$D>20$ 或 $D>14$
			锅炉的热效率 /%	
烟煤	Ⅱ	$17700\leqslant Q_{DCL,V,ar}\leqslant 21000$	78	79
烟煤	Ⅲ	$Q_{DCL,V,ar}>21000$	80	81
贫煤		$Q_{DCL,V,ar}\geqslant 17700$	77	78

注 1：表中未列的燃料的锅炉热效率指标由供需双方商定。

注 2：各燃料品种的干燥无灰基挥发分（V_{daf}）的范围为：烟煤，$V_{daf}>20\%$；贫煤，$10\%<V_{daf}\leqslant 20\%$。

表 5–3　　流化床燃烧锅炉的热效率

燃料条件		燃料收到基低位发热值 $Q_{DCL,V,ar}$ /(kJ/kg)	锅炉容量 /(t/h 或 MW)	
			6≤D≤20 或 4.2≤D≤14	D>20 或 D>14
			锅炉的热效率 /%	
烟煤	Ⅰ	$14400 \leq Q_{DCL,V,ar} < 17700$	76	78
	Ⅱ	$17700 \leq Q_{DCL,V,ar} \leq 21000$	79	81
	Ⅲ	$Q_{DCL,V,ar} > 21000$	81	82
贫煤		$Q_{DCL,V,ar} \geq 17700$	78	80
褐煤		$Q_{DCL,V,ar} \geq 17700$	79	81

注 1：表中未列的燃料的锅炉热效率指标由供需双方商定。

注 2：各燃料品种的干燥无灰基挥发分（V_{daf}）的范围为：烟煤，$V_{daf}>20\%$；贫煤，$10\%<V_{daf}\leq 20\%$；褐煤，$V_{daf}>37\%$。

5.2.2　工业锅炉产品的排烟温度及过量空气系数的要求

(1) 过量空气系数

进入锅炉的实际空气量与燃料燃烧所需的理论空气量之比称为过量空气系数，用符号 α 表示。层状燃烧锅炉和抛煤机链条炉排锅炉，排烟处过量空气系数不应大于 1.75；对于流化床燃烧锅炉，排烟处过量空气系数不应大于 1.5。

(2) 排烟温度

对于带尾部受热面的锅炉，排烟温度不应大于 170℃；对于不带尾部受热面的锅炉，排烟温度不应大于 250℃。

5.2.3　工业锅炉经济运行关于热效率的要求

GB/T 17954—2007《工业锅炉经济运行》对在用工业锅炉提出了运行热效率的要求，由于设备长期投运后与设计条件会产生一些变化，所以 GB/T 17954—2007《工业锅炉经济运行》根据实际情况，将在用工业锅炉运行热效率要求分成了一等、二等和三等 3 个等级。具体规定见表 5–4。

表 5–4　工业锅炉运行热效率[a]

锅炉额定蒸发量 D/(t/h)或锅炉额定热功率 Q_e/MW	运行热效率 η 等级	使用燃料及其燃烧方式																
		层燃[b]								流化床燃烧						室燃	
		烟煤			贫煤	无烟煤			褐煤	低质煤[c]	烟煤			贫煤	褐煤	重油	轻柴油、气[d]
		Ⅰ类	Ⅱ类	Ⅲ类		Ⅰ类	Ⅱ类	Ⅲ类			Ⅰ类	Ⅱ类	Ⅲ类				
1～2 或 0.7～1.4	一等	73	75	78	75	70	68	72	74	/	73	76	78	75	76	87	89
	二等	70	74	76	72	65	63	68	72	/	70	73	75	72	73	86	88
	三等	67	73	74	69	62	60	64	70	/	67	70	72	69	70	85	87
2.1～8 或 1.5～5.6	一等	75	78	80	76	71	70	75	76	74	78	81	82	80	81	88	90
	二等	72	76	78	74	68	66	72	74	72	76	79	80	78	79	87	89
	三等	70	74	76	72	66	63	69	72	70	74	77	78	76	77	86	88
8.1～20 或 5.7～14	一等	76	79	81	78	74	73	77	78	76	79	82	83	81	82	89	91
	二等	74	77	79	76	71	69	74	76	74	77	80	81	79	80	88	90
	三等	72	75	77	74	68	66	72	74	72	75	78	79	77	78	87	89
>20 或 >14	一等	78	81	83	80	77	75	80	81	78	80	83	84	82	83	90	92
	二等	76	78	80	77	74	71	77	78	75	78	81	82	80	81	89	91
	三等	74	76	75	75	71	68	75	76	73	76	79	80	78	79	88	90

ⓐ表中所列为锅炉在额定负荷下运行时的热效率值，非额定负荷下运行时的热效率值，可近似取为表中数值与负荷率的乘积，即 $\eta=\eta_e(D/D_e)$ 或 $\eta_e=Q/Q_e$。

ⓑ对抛煤机锅炉，其运行热效率比同等容量层燃锅炉高 1%。

ⓒ指收到基灰分 $A_{ar}\approx50\%$，收到基低位发热值 $Q_{DCL,V,ar}\leqslant14.4$MJ/kg 或折算灰分 $A_{ar,zs}\geqslant36$g/MJ 的煤。

ⓓ对燃用高炉煤气的工业锅炉，其运行热效率比表中燃用轻柴油、气锅炉的热效率值低 3%。

5.2.4 工业锅炉经济运行关于排烟温度、灰渣可燃物含量、排烟处过量空气系数的要求

GB/T 17954—2007《工业锅炉经济运行》对排烟温度、灰渣可燃物含量、排烟处过量空气系数提出了要求，分别见表 5-5，表 5-6 和表 5-7。

表 5-5　　工业锅炉运行排烟温度规定值[a]　　单位：℃

有无尾部受热面		无尾部受热面				有尾部受热面[b]	
锅炉类型		蒸汽锅炉		热水锅炉		蒸汽锅炉或热水锅炉	
使用燃料		煤	油、气	煤	油、气	煤	油、气
额定蒸发量 D_e/（t/h）或额定热功率 Q_e/MW	≤2（或≤1.4）	<250	<230	<220	<200	<180	<160
	>2（或>1.4）	/	/	/	/		

ⓐ表中所列为锅炉在额定负荷下运行时的排烟温度值。

ⓑ对部分地区燃用高硫（S_{ar}≥3%）煤的有尾部受热面的锅炉，其运行排烟温度可适当提高，但提高幅度不超过 30℃。

表 5-6　　燃煤工业锅炉运行灰渣可燃物含量规定值[c]　　单位：%

锅炉额定蒸发量 D_e/(t/h)或锅炉额定热功率 Q_e/MW	使用燃料[b]								
	低质煤[a]	烟煤			贫煤	无烟煤			褐煤
		Ⅰ类	Ⅱ类	Ⅲ类		Ⅰ类	Ⅱ类	Ⅲ类	
1～2(或 0.7～1.4)	20	18	18	16	18	18	21	18	18
2.1～8(或 1.5～5.6)	18	15	16	14	16	15	18	15	16
≥8.1(或≥5.7)	14	12	13	11	13	12	15	12	14

ⓐ表中数值除低质煤外，均为工业锅炉在额定热负荷下运行时对炉渣可燃物含量的要求。

ⓑ 表中数值除无烟煤外，可作为流化床燃烧锅炉在额定负荷下运行时对飞灰可燃物含量的要求。

ⓒ非额定负荷下运行时的灰渣可燃物含量，可近似取为表中数值与负荷率的乘积。

表 5–7　工业锅炉运行排烟处过量空气系数规定值

使用燃料	煤[a]		油、气
燃烧方式	火床燃烧(层燃)	沸腾燃烧(流化床)	火室燃烧(室燃)
空气系数	<1.65(无尾部受热面) <1.75(有尾部受热面)	<1.50	<1.20

ⓐ燃用无烟煤的火床燃烧锅炉，不受表中数值限制。

5.3　工业锅炉的各项热损失

5.3.1　排烟热损失

燃料在锅炉中燃烧所需要的氧是由输入锅炉的空气提供的，输入炉中的空气温度较低(没有空气预热器的锅炉为室温)，而输入炉中的空气中的部分氧被燃烧过程所消耗，其余部分则随着烟气被排出，具有较高温度的烟气携带了部分热量排出锅炉，这个热量就是排烟热损失。

影响排烟热损失的主要因素是排烟温度和排烟容积。排烟容积不变时，排烟温度增高，排烟热损失增大；排烟温度不变时，排烟容积增大，排烟热损失也增大。

排烟热损失的大小与锅炉受热面的设计布置及运行水平有关。受热面少或者因水垢、积灰等原因不能正常换热以及没有尾部受热面等因素，可导致锅炉排烟热损失增大，而运行水平低，会因排烟容积增大(主要由过量空气系数偏大造成)，受热面结垢、积灰等原因不能正常换热而导致锅炉排烟热损失增大。

由前所述，工业锅炉的产品标准和经济运行标准都对排烟温度进行了限制，但是在运锅炉中还是有部分锅炉排烟温度严重超标，往往可达 300～400℃，粗略地估算，排烟温度每增加 12℃，可使锅炉热效率降低1%。而过剩空气系数偏大造成排烟量过多也是造成锅炉热效率降低的重要原因。有些在运锅炉，排烟温度高和过量空气系数偏大的综合作用，可使锅炉排烟热损失高达20%～30%甚至更多。当排烟温度严重超标时，锅炉排烟热损失实际上是锅炉各项热损失中最大的一项。

5.3.2　固体不完全燃烧热损失

固体不完全燃烧热损失是由于进入炉膛的固体燃料中，有一部分没有参与燃烧而被排出炉外而引起的热损失。

固体不完全燃烧热损失由灰渣损失、漏煤损失和飞灰损失3部分组成。

灰渣损失是未参加燃烧或未燃尽的碳粒与灰渣一同排入渣斗所造成的损失；漏煤损失是部分燃料经炉排漏入灰室造成的损失；飞灰损失是未燃尽的碳粒被烟气带走所造成的损失。

在灰渣损失、漏煤损失和飞灰损失3部分损失中，如果漏煤组织回烧，其损失可以不计，其余2项损失中，飞灰损失通常影响较小，而灰渣损失则是较大的一项损失。由前所述，工业锅炉的经济运行标准对工业锅炉排渣含碳量进行了限制，但是在运锅炉中还有很大一部分锅炉存在较严重的灰渣损失。据粗略地统计，目前层燃工业锅炉中有70%的锅炉其灰渣含碳量超出国家规定要求。在层燃工业锅炉中，灰渣损失与排烟热损失同样重要。

5.3.3　气体不完全燃烧热损失

气体不完全燃烧热损失系指排烟中含未燃尽的一氧化碳(CO)、氢气(H_2)、甲烷(CH_4)等气体所造成的热损失。

气体不完全燃烧热损失是由于燃料特性、炉膛结构造成的炉温偏低、容积小、空气过剩系数过小等因素造成的。对链条炉排锅炉，一般其可能造成的热损失按 0.5%～2%考虑。

5.3.4 散热损失

散热损失系指锅炉炉墙、锅筒、炉外集箱以及管道等裸露的锅炉外表面向外界空气散发的热损失。

造成散热损失的主要原因有炉墙绝热层失效，外表面积、形状不合适，炉墙温度高等。对链条炉排锅炉，一般其可能造成的热损失按 1%～5%考虑。

5.3.5 灰渣物理热损失

灰渣物理热损失系指排出炉渣所带走的热量损失，其值为每千克燃料的灰渣量和与之对应的焓值的乘积。

灰渣物理热损失是由于煤灰分大、燃烧调整失当、灰渣量大且温度过高、灰渣带火排放等原因造成的。对链条炉排锅炉，其可能造成的热损失一般按 1%～5%考虑。

5.4 降低锅炉各项热损失的基本方法

5.4.1 降低锅炉排烟热损失的方法

(1) 降低排烟温度

降低排烟温度可考虑以下方法。

①锅炉设计时要保证足够的受热面，按照要求应当设置尾部受热面（省煤器、空气预热器）。但是应当注意，在对锅炉热效率和金属耗量的技术经济效益综合考虑后，一般来说，4t/h 以下

的锅炉只安装上述尾部受热面的两者之一，6t/h 以上的才两者都安装。而尾部受热面受低温腐蚀问题的影响，也不可能通过增加尾部受热面面积将排烟温度降得很低，一般只能降至 150℃，最低排烟温度可达到 120℃。近年来，设计锅炉时，有通过增加尾部受热面使排烟温度降低的趋势，但是同时往往还要采取防低温腐蚀的措施，如将空气预热器的冷端和其他部分分开，运行后，每隔一段时间更换冷端。

②锅炉运行时要尽可能保持受热面的换热能力，主要是防止结生水垢和防止受热面积灰。防止水垢主要通过运行水处理设备而使锅炉水质达标，另外，一旦结垢，达到一定厚度就要及时除垢。防止积灰的方法一是在设计时要考虑吹灰装置，并能够坚持投入使用；二是运行时要定期清灰，保证受热面不积灰。

锅炉尾部受热面发生低温腐蚀时，可形成低温黏结灰，它是硫酸与灰中的钙反应而形成的硫酸钙，这时积灰变成硬块状态，通常称为“水泥化”。这种积灰发生在省煤器或者空气预热器的烟侧，不因烟气的冲刷而剥落，还会越来越严重，直至堵塞烟气通道，使尾部受热面的传热能力大大下降，甚至引起正压运行或引发事故。因此，锅炉运行时，对易发生低温腐蚀的省煤器和空气预热器，尤其要定期清扫积灰，对“水泥化”的酸性黏结灰，可用碱性清灰剂中和后，再清除。

③对于有高温烟气程和低温烟气程的锅炉，要防止高温程烟气与低温程的“短路”。

⑵ 降低排烟量

为保护设备和环境，我国一般要求燃煤工业锅炉微负压运行，在这种情况下，降低排烟量可考虑以下方法。

①防止因锅炉负压运行而大量将炉外冷空气抽入炉内。由于是负压运行，炉膛、过热器、省煤器、空气预热器、除尘器及烟道等各部位均会产生一定的漏风。漏入锅炉的空气与燃料燃烧所需的理论空气量之比称为漏风系数，设计上要控制漏风系数不超标。除炉膛外，锅炉各部位的漏风，基本上不能起助燃作用，对燃烧不利，并且增加了排烟热损失。在炉膛内，漏风系数过大，会大大降低炉膛温度，恶化燃料着火和燃烧的正常工况。炉体密封严、炉门的密封性好，可防止漏风。安装完的锅炉常需做漏风试验，检验炉墙及烟道质量。

②严格控制过剩空气系数，保持低氧燃烧。

控制过剩空气系数一是要合理送风，二是要控制漏风。

保持合理的α，炉排要有较好的侧密封结构，风室不串风；煤闸板和分层给煤装置要好用；运行方式要合理，负荷不能过大或过小；炉门和看火孔关闭要严密，保持炉膛微负压运行；燃烧调整要正确，各燃烧区段分布要合理。

对于正在运行的锅炉，其各部位的漏风系数也可根据烟气分析的结果，计算得出各受热面处的漏风系数。

5.4.2　降低固体不完全燃烧热损失的方法

(1) 影响固体不完全燃烧热损失的诸种因素分析

①燃料特性的影响。当燃用灰分含量大和灰熔点低的煤时，它的固态可燃物被灰包裹，难以燃尽，灰渣损失就大。当燃用挥发物低而焦结性强的煤时，燃烧过程主要集中在炉排上，燃烧层温度高，较易形成熔渣，阻碍通风，既加重了司炉拨火的工作量，又增加了灰渣损失；当燃用水分低、焦结性弱而细末又多的

煤时，特别是在提高燃烧强度而增强通风的情况下，飞灰损失就增加。

②燃烧方式的影响。不同燃烧方式的固体不完全燃烧热损失值差别很大，如机械抛煤机炉的飞灰损失就较链条炉大；煤粉炉没有漏煤损失，但它的飞灰损失却比层燃锅炉大得多；沸腾炉在燃用石煤或煤矸石时，飞灰损失将更大。

③炉内结构的影响。层燃炉的炉拱型式、炉排面积和通风截面的大小以及一、二次风的布置等，对燃烧都有影响。如炉拱不合理，燃料挥发分低，燃烧困难，灰渣和飞灰含碳量增大；如炉排太短，燃料燃烧时间不充分，烟气在炉内流程过短，固体不完全燃烧热损失也增加。

④锅炉运行工况的影响。运行时，锅炉负荷过大或过小，都会造成燃烧工况的恶化，固体不完全燃烧热损失增大。层燃机械炉排的煤层厚度、炉排速度和风量分配等操作，对固体不完全燃烧热损失影响明显。过剩空气系数 α 太低，固体不完全燃烧热损失会增加；α 合适，固体不完全燃烧热损失会减小；α 过大，固体不完全燃烧热损失也增加。

⑵ 降低固体不完全燃烧热损失的措施

①选取合理的燃烧方式：对于容量较大的工业锅炉，应选用不漏煤链条炉排。

②炉膛内燃烧结构的优化布置：选取优化拱型，合理配置一、二次风，火床各燃烧区段分布合理，维持炉内较高温，使挥发分和碳粒尽量趋于燃尽。

③改善燃料特性，使燃煤与炉型匹配：对易结焦、挥发分过低或灰熔点过低的煤，可以通过动力配煤使之达到一般二类烟煤

的特性。燃煤入炉前进行破碎，适当加水，调整燃烧，改善煤的结焦特性。

④提高司炉工素质，组织正确的燃烧调整，采用合理的运行方式。

5.4.3　降低气体不完全燃烧热损失的方法

降低气体不完全燃烧热损失的方法是提供气体能充分燃烧的条件，主要有如下措施：

①合理的容积热负荷，确保有足够的炉膛空间供气体充分燃烧；

②合理的拱型，保证燃烧温度；

③合适的过剩空气系数，保证燃烧所需的氧。

5.4.4　降低散热损失的方法

降低散热损失的措施有：

①采用先进的炉墙保温材料；

②烟箱、烟道、炉门等处加强密封、绝热。

5.4.5　降低灰渣物理热损失的方法

降低灰渣物理热损失的措施有：

①动力配煤，使燃煤灰分不过高；

②强化燃烧（拱合理、风合适）；

③调整好炉排速度，降低灰渣温度。

5.5 锅炉热效率的测定方法

5.5.1 锅炉的热平衡

每千克燃料带入锅炉的热量Q_τ(一般对于燃煤锅炉，每千克燃料带入锅炉的热量就是燃料收到基低位发热量，即 $Q_\tau=Q_{DCL,V,ar}$，单位：kJ/kg)可以分为有效热量(Q_1)和损失热量 2 部分。而损失热量又可分为排烟热损失 Q_2、气体不完全燃烧热损失 Q_3、固体不完全燃烧热损失 Q_4、锅炉散热损失 Q_5 和灰渣物理热损失 Q_6 5 个部分。

上述关系可用锅炉热平衡公式来表示，即

$$Q_\tau=Q_1+Q_2+Q_3+Q_4+Q_5+Q_6$$

如果在上述等式两边分别除以 Q_τ，则锅炉热平衡可用带入热量的百分数来表示，即

$$100\%=(q_1+q_2+q_3+q_4+q_5+q_6)/100$$

$$q_1=100-(q_2+q_3+q_4+q_5+q_6)$$

锅炉的热效率可表示为

$$\eta_{gl}=q_1=100-(q_2+q_3+q_4+q_5+q_6)$$

5.5.2 用正平衡法测锅炉的热效率

用正平衡法测锅炉的热效率，可将其表达为

$$\eta_{正}=Q_1/Q_\tau\times100\%=q_1\%$$

式中　$\eta_{正}$——用正平衡法求得的锅炉热效率；

Q_1——有效利用热量；

Q_τ——燃料带入锅炉的热量。

小型锅炉常以正平衡法来测量热效率，只有测出燃料量、燃

料收到基低位发热量、锅炉蒸发量以及压力和温度，才可算出锅炉的热效率 $\eta_{正}$。正平衡法是一种常用的比较简单的热效率测定方法。

5.5.3　用反平衡法测锅炉的热效率

正平衡法只能求得锅炉的热效率，但是不能用以研究和分析影响锅炉热效率的种种因素以找出提高效率的方法。为此，在实际试验过程中，往往要测出锅炉的各项热损失，反过来用扣除各项热损失之后的所余份额(即有效利用热量占锅炉总带入热量的百分数，即反平衡法)测定锅炉的热效率，可表达为

$$\eta_{反}=100-(q_2+q_3+q_4+q_5+q_6)/100$$

用反平衡法测 $\eta_{反}$时，需要对各项热损失逐项进行测算。

尽管小型锅炉常以正平衡法来测量热效率，但是也经常辅以反平衡法；而大型锅炉，由于不易准确地测定燃料耗量，因此其热效率主要靠反平衡法求得。

5.5.4　热效率平均值

测定锅炉的热效率，应同时采用正平衡法和反平衡法，锅炉的热效率取正平衡法与反平衡法测得的平均值。

当锅炉额定蒸发量(额定热功率)不小于 20t/h(14MW)，用正平衡法测定有困难时，可采用反平衡法测定锅炉的热效率；手烧锅炉允许只用正平衡法测定锅炉的热效率。

第6章 工业锅炉经济运行

6.1 经济运行概述

工业锅炉的经济运行就是在保证安全可靠、保护环境和满足供热需求的前提下，通过科学管理、技术改造、提高运行操作水平，使工业锅炉实现高效率、低能耗的工作状态。

锅炉运行工况直接影响锅炉运行的安全性和经济性。实际上，锅炉运行工况是变化的，即使是稳定运行工况，也只能维持相对的稳定。当外界负荷变动时，必须对锅炉进行一系列调整，如将供给锅炉的燃料量、空气量、给水量做相应的改变，从而使锅炉的出力和外界负荷相适应。在外界负荷稳定的情况下，当供给燃料的发热量有所变化时，也可引起锅炉工况的波动。因此，为使锅炉安全经济运行，必须监视其运行工况，正确及时地进行适当的调节。

锅炉经济运行的考核指标是供热、供汽成本和燃料消耗量。表6–1示出了某厂2台煤粉锅炉生产蒸汽成本情况(月平均数值)。

从表6–1中可见，燃料费占76.2%。为提高锅炉运行的经济性，首先应从节约燃料入手，把提高锅炉运行的热效率作为重点。

在运行中提高锅炉热效率的措施，首先是组织好燃烧过程，保证燃料完全燃烧。为提高燃烧效率，要保持较高的炉膛温度、

表 6–1　　某厂锅炉蒸汽成本表

项　　目	金额 / 元	所占比例 /%
煤	70903	76.2
水	2105	2.3
盐	2760	2.9
电	5436	5.8
折旧及大修费	5088	5.5
工资	1480	1.6
其他费用	5350	5.7
合计	93122	100
蒸汽量 /t	8940	
吨汽成本 /(元 /t)	14.42	
吨汽耗煤 /(t/t)	0.169	

适当的空气量(最佳炉膛过剩空气系数)、燃料与空气的充分混合，保证燃料有足够的燃烧时间，以减少固体和气体未完全燃烧损失和排烟损失。其次是吹灰和除垢，增强传热。锅炉运行一段时间后，受热面就产生积灰和水垢，影响传热，使排烟温度升高，锅炉排烟损失增加，热效率降低，燃料消耗量增加，浪费燃料。严重时将使受热面损坏，危及锅炉安全运行。因此，锅炉运行中要经常进行受热面的吹灰和除垢，并严格水质监督制度，保持受热面内外清洁。此外还应减少漏风，以此来提高锅炉效率。

水费和盐费占蒸汽生产成本费的比率是相当可观的，表 6–1 所示占 5.2%。为降低水费，要节约用水，特别要注意节约软化水。杜绝汽、水的跑、冒、滴、漏，回收冷凝水。合理排污，在保证锅水质量的前提下，尽量减少排污量，排污的热量要加以回收利用。为降低电耗，应注意锅炉辅机设备的配套，防止“大马拉小车”，要节约用电。

为降低折旧费，在购置锅炉和低效锅炉改造时，须正确确定热负荷，选择合适的锅炉容量。锅炉容量过大，造价高，投资多，投产后造成折旧费高，很不经济。

对于新安装或经过改造的锅炉，投入运行后，能否达到保产、节煤、节电、安全运行，不仅取决于锅炉设计、制造和安装水平，还决定于运行的技术水平和管理水平，这就需要运行人员懂得有关锅炉的基本知识和锅炉本体、辅机设备构造(见第 2 章)及操作方法，熟悉操作规程以指导安全经济运行。根据煤质、负荷的变化情况，采取必要的措施；勤看火，勤检查，勤分析，勤调整；合理供煤，合理供风，保证锅炉安全经济运行。

6.2　工业锅炉经济运行的基本要求

对锅炉运行总的要求是既要安全又要经济。运行中，对锅炉进行监视和调节的基本要求如下。

①工业锅炉运行时，应燃用设计燃料或与设计燃料相近的燃料。

②工业锅炉运行时，应调整好燃烧工况，压力、温度、水位均应保持相对稳定。

③工业锅炉运行中，当负荷变化时，应注意监视锅炉运行情况，并及时进行调整。燃煤锅炉的运行负荷不宜经常或长时间低于额定负荷的 80%，燃油、气锅炉的运行负荷不宜经常或长时间低于额定负荷的 60%。工业锅炉不应超负荷运行。

④工业锅炉运行时，受热面烟气侧应定时清灰，保持清洁。受热面汽水侧则应定期检查腐蚀及结垢情况，并防腐除垢。使用清灰剂、防腐剂、除垢剂等化学药剂时，应保证安全环保以及有效性。

⑤工业锅炉运行中，应经常对锅炉燃料供应系统、烟风系

统、汽水系统、仪表、阀门及保温结构等进行检查，确保其严密、完好。

⑥工业锅炉运行应配备燃料计量装置、汽或水流量计、压力表、温度计等能表明锅炉经济运行状态的仪器和仪表。在用仪器、仪表应按规定定期校准或检定。

⑦工业锅炉使用单位应当使用符合安全技术、环境保护、节约能源等相关规范要求的锅炉及配套辅机产品。

⑧要做好锅炉水处理工作，水处理设施应符合 GB/T 16811 的规定，给水和锅水水质应符合 GB 1576 的要求。

⑨工业锅炉及其附属设备和热力管道的保温应符合 GB/T 4272 的要求。

⑩在用工业锅炉运行时，应做好原始记录，锅炉运行记录表格式见表 6–2。

6.3　工业锅炉运行的监控与调整

为了完成上述任务，司炉操作人员应充分认识到本职工作的重要性，对工作必须有高度的责任感；在技术上精益求精，具有独立的分析问题、解决问题的能力；要弄清锅炉设备的构造和工作原理，掌握设备的特性，充分了解各种因素对锅炉工作的影响，并具备熟练的实际操作技能。

本节将重点阐述锅炉各个运行参数的调节方式，并对影响锅炉能效的重点项目进行详尽的介绍，如锅炉层燃燃烧调整。

表 6–2　　工业锅炉运行原始记录项目

锅炉类型	锅炉额定蒸发量 D_e 或额定热功率 Q_e	主要记录项目
蒸汽锅炉	≤4t/h	燃料品种及消耗量累计值①；蒸汽压力、湿度、温度及流量；给水压力、温度及流量；排烟温度；排污量；排渣或飞灰可燃物含量②；水处理化验数据③；运行时间；排烟含 O_2 量(或 CO_2 量)
	＞4t/h	燃料品种及消耗量累计值①；蒸汽压力、湿度、温度及流量；给水压力、温度及流量；排烟温度；排污量；炉膛出口或排烟处烟气分析数据；炉膛温度和压力；水处理化验数据③；除氧器压力和温度；送风温度及风压；炉渣或飞灰可燃物含量②；运行时间
热水锅炉	≤2.8MW	燃料品种及消耗量累计值①；热水流量累计值；补水流量累计值；进出水的压力、温度；排烟温度；排污量；炉渣或飞灰可燃物含量②；水处理化验数据③；运行时间；排烟含 O_2 量(或 CO_2 量)
	＞2.8MW	燃料品种及消耗量累计值①；热水流量累计值；补给水量累计值；进出水的压力、温度；排烟温度；排污量；炉膛出口或排烟处烟气分析数据；炉膛温度及压力；水处理化验数据③；送风温度及风压；炉渣或飞灰可燃物含量②；运行时间

注 1：对海拔 2000m 以上的地区，应增加当地大气压力、湿度及温度的记录。

注 2：未注明记录时间的项目为每班至少一次。

注 3：对有省煤器、空气预热器、过热器的锅炉，应有相应的压力、温度等记录。

①燃油、燃气锅炉应增加供油、供气压力的记录。

②流化床锅炉为飞灰可燃物含量，层燃锅炉为炉渣可燃物含量。当煤种变化时，应有化验记录。煤种无变化时，不大于 4t/h 或不大于 2.8MW 的锅炉，应每 6 个月化验记录 1 次；大于 4t/h 或大于 2.8MW 的锅炉，应每 3 个月化验记录 1 次。

③应每星期化验记录 1 次，如采用简易试剂、试纸法，则应每天化验记录 1 次。

6.3.1　水位的监视与调整

锅炉水位的变换会使汽压、汽温产生波动，甚至发生满水或缺水事故。锅炉在正常运行时，应保持水位在正常水位线附近轻微波动：负荷低时，水位稍高；负荷高时，水位稍低。但上下波动一般不宜超过 ± 35mm，并尽量做到均衡连续地给水，或勤给水，少给水。

关于水位的监视与调整，注意点如下。

①要经常把几个水位显示仪表的显示水位进行对照，发现显示不同要及时查明原因并加以消除。

②当锅炉负荷变化时，锅炉会出现虚假水位，司炉工要正确判断。一般来说，负荷突然增大，水位将先升后降，水位上升是虚假水位；负荷突然减小，水位将先降后升，水位下降是虚假水位。

③当锅炉燃烧工况变化时，锅炉也会出现虚假水位。燃烧加强时，水位将先升后降，水位上升是虚假水位；燃烧减弱时，水位将先降后升，水位下降是虚假水位。

④要随时注意给水的压力，注意蒸汽流量与给水流量的差值。

⑤要熟悉给水调节阀的性能，在调节中不能大开或大关给水调节阀。

6.3.2　汽压的监视与调整

锅炉运行时，必须经常监视压力表的指示，保持汽压稳定。当蒸发量大于用汽量时，锅炉汽压上升；当蒸发量小于用汽量时，锅炉汽压下降。因此，对锅炉汽压的调节，实际上就是对蒸发量的调节，而蒸发量的大小又取决于司炉人员对燃烧的调节。其调节方法如下。

①当锅炉用汽量增加时，汽压下降，此时应根据锅炉实际水位的高低情况进行调整：如果水位高时，应先减少给水量或暂停给水，再增加给煤量和引、送风机，在强化燃烧的同时逐渐增加给水量，保持汽压和水位的正常；如果水位较低，在强化燃烧的同时，还应逐渐加大给水量，保持汽压和水压的稳定增高并慢慢恢复正常。

②当锅炉用汽量减少时，汽压上升。如果锅炉实际水位高时，应先减少给煤量和送风量，减弱燃烧，再适当减少给水量或暂停给水，保持汽压和水位稳定在额定范围内，然后再按正常情况调整燃烧和给水量。如果锅炉实际水位低时，应先加大给水量，待水位恢复正常后，再根据汽压变化和负荷需要情况，适当调整燃烧和给水量。

6.3.3　蒸汽温度的监视与调整

装有过热器的锅炉，蒸汽温度的高低，一方面会影响锅炉本身的安全，另一方面会影响用汽设备的安全，在锅炉正常运行时必须严格控制。

(1) 蒸汽温度变化的原因

蒸汽温度主要与烟气放热情况有关。流经过热器的烟气温度升高、烟气量加大、烟气流速加快，都会使过热蒸汽温度上升。另外，蒸汽温度的变化也与锅炉水位高低有关。水位高时，饱和蒸汽夹带水分多，过热蒸汽温度下降。水位低时，饱和蒸汽夹带水分少，过热蒸汽温度上升。

⑵ 蒸汽温度的调节方法

锅炉的过热蒸汽温度一般通过调节减温器的减温水量来调节：蒸汽温度过高，增加减温水量；蒸汽温度过低，减少减温水量。另外要注意，带有减温器的锅炉不能在低负荷下运行，减温器中流过的减温水必须是合格的冷凝水。在调节减温水量的同时不能大开大关。如果减温水量全部投入运行后汽温仍高于额定值，应进行燃烧工况的调节，降低锅炉负荷。

6.3.4　炉膛负压的监视与调整

①一般锅炉在运行过程中都采用负压燃烧，即炉膛烟气压力稍低于炉外大气压(约为 20 ~ 30Pa)。炉膛负压过高，会吸入过多的冷空气，降低炉膛温度，增加热损失。炉膛负压过低，甚至变为正压，火焰可能喷出，损坏设备或烧伤人员。

②炉膛负压的高低，主要取决于风量，而风量的调节必须与炉膛内燃烧的情况相适应。送风量大而引风量小，炉膛负压值减小直至变为正压；送风量小而引风量大，炉膛负压值增加。风量是否合适，可以通过观察炉膛火焰颜色来判断。一般来说，火焰呈金黄色且不透明，烟气呈灰白色时，说明风量基本合适；火焰白亮刺眼，烟气呈白色时，说明风量过大；火焰暗黄或暗红，烟气呈淡黑色时，说明风量过小。

③在调节炉内负压时，如需增大风量，应先增大引风后增大送风。如需减少风量，应先减少送风后再减少引风，这样可避免出现正压喷火现象。在锅炉负荷增大时，应先增大风量，而后增加燃料的加入量；反之，当锅炉负荷减小时，应先减少燃料的加入量，而后减少风量。

6.3.5　维持烟气含氧量为最佳值

为提高锅炉效率，使锅炉燃烧处于最佳工况，必须维持适当的空气与燃料的比例关系。烟气含氧量高，说明送风量大，过量的风会带走热量；含氧量低，说明燃烧不充分，不完全燃烧热损失会增加。两种情况都不能保证经济燃烧。对每一个锅炉，都有其最佳的烟气含氧量值，而且在锅炉负荷变化时，此最佳值也会变化。应摸索出规律，并采取控制送风量与燃料的比例等方法来维持烟气含氧量为最佳值，以保证经济燃烧，提高锅炉的热效率。

6.3.6　受热面的清洁状况

影响锅炉效率的一个主要因素是受热面的清洁状况，它包括受热面的烟侧清洁和水侧清洁。做到烟侧清洁必须保证锅炉长期运行在额定负荷下，并根据锅炉运行状态进行受热面的定期清灰；若想水侧清洁，需对水质做好监督检查工作，根据不同的水质选择合适的水处理设备，使锅炉水质符合 GB 1576—2001《工业锅炉水质》的要求，水处理详见第 8 章。此方面内容详见第 8 章“工业锅炉用水及排污、除垢”。

6.4　层燃燃烧调整

影响锅炉热效率的另一主要因素是燃烧状况，保证燃料充分燃烧是提高锅炉热效率的前提条件。所以，本节重点讲解层燃燃烧调整。

6.4.1　层燃燃烧概论

6.4.1.1　层状燃烧方式的基本特点

在工业锅炉中，广泛应用层状燃烧。

层状燃烧方式适用于所有的固体燃料。煤从某一方向投入炉内，其中粒度较大的颗粒就在炉排上形成燃料层而进行燃烧，只有少量的细煤粉被高速气流吹浮到炉膛内而形成悬浮燃烧。

因此，层状燃烧方式具有如下一些特点。

①由于煤粉的重力大于空气气流对煤粒的吹浮作用力，因此，燃料层的运动与空气(或烟气)的流动无关。所以从任意的方向，如由上而下或由下而上以及从纵向、横向、斜向把它送到炉排面上，虽然在燃料层的燃烧过程中煤与炉排有不同形式的相对运动，但燃料不会离开炉排面，其燃烧过程主要是在炉排上进行。

②炉排上的储煤量较多，每平方米炉排可送入炉内燃料 70 ~ 150kg，因此，在锅炉负荷瞬时波动的情况下，一般只需先行调整送风量就可以满足需要。由于投入炉内的煤受热条件好，有时往往两面受热，因此容易引燃并稳定地燃烧。

③煤块在炉排的停留时间可根据需要决定，这就能满足煤层中大颗粒需要停留更长时间的要求。

④由于煤粒不随空气运动，因此气流与煤粒具有较高的相对速度，这对于促进空气与燃料表面的物质交换是十分有利的(扩散过程)，有助于燃烧过程的强化。

⑤随着煤粒直径的变小，燃料也就容易被空气(或烟气)气流吹跑，从而造成火床燃烧的破坏。因此，对于不同直径的燃料，

其最大允许的气流速度是不同的，从而使每单位炉排上所能燃烧的煤量也将随之变化(参阅表 6–3)。显然，由表 6–3 可知，要想保证细小的煤粒也能稳定地在燃料层内燃烧，则炉排上每小时的燃煤量(也就是每小时的发热量)就很小。从工程上来看，这是不经济的。为此，应采用较大的炉排强度，设法减少燃料中细小颗粒的百分比。通常规定，在层燃方式中，煤中 0～6mm 的细屑含量不应当超过 50%。对于结焦性的煤种，可允许适当提高其细屑含量。

表 6–3　随煤粒直径而变的每单位炉排面积所能燃烧的燃料量

颗粒直径 d/mm	50	20	5	1	0.1
通过炉排孔的临界速度 v_1/(m/s)(按冷空气计算)	13	8	4	1.8	0.6
折算到整个燃料层面积的速度 /(m/s)	3	2	1	0.45	0.15
炉排上每小时的发热量(当过剩空气系数 α=1.3 时)/(10^3kJ/(m²·h))	29307.6	20934	10467	4186.8	1256.04

⑥层状燃烧方式可以根据煤投到炉排上的方式和送风方式，划分出多种各具特点的型式。其主要有：上部给煤，下部给风(相对方向)；下部给煤，下部给风(平行方向)；横向给煤，下部给风(相交方向)；混交方向等类型。在表 6–4 中，还列出了各种型式的工作特点、适用煤种以及单位面积炉排上的燃料量等。

6.4.1.2　层燃方式的燃烧过程

在炉排上堆放着由煤粒聚积而成的煤层，因此，煤层的实际燃烧情况虽与单颗粒有共同之处，但又各有特点。研究煤层燃烧过程的较为合理的方法是考查沿煤层高度的燃烧状态，包括沿高度分布的气体组成变化和温度变化，以及煤粒本身的物理变化。

表 6–4 固定层燃烧方式的分类特性表

固定层燃烧方式分类	图标说明 投煤方向 → 进风方向 → 炉排平面 ▨	使用煤种	炉排上每小时的燃煤量 /(kg/(m²·h))	工作特性
上部给煤	投煤 一次空气 相对方向；手烧给煤 投煤机给煤	一般固体燃料煤块粒度要合乎一定要求	100~150 100~150	a.新燃料有2个引燃平源：下部燃烧区的热气流（下部引燃）及煤层上面炉膛内的火焰热辐射。 b.手烧炉是定期给煤和排渣，破坏连续燃烧工况，机械抛煤解决了连续给煤，但不能连续排渣。
下部给煤	进煤 一次进风 并行方向；下筒式绞笼进煤	挥发物含量要合乎一定要求，适用于黏结煤	一般 200~250 最大为 300~400	引燃来源只有上部，故只能燃用有限煤种（合乎一定的挥发分和黏结性要求）。
横向给煤 前方横向给煤	进煤 一次空气 相交方向；机械链条炉排式	燃用发热值为4500kcal/kg以上的煤，但在燃用无烟煤等难着火燃料时应采用引燃措施	一般 100~150 最大为 200~250	a.只有上部引燃。 b.给煤和排渣均能连续化。 c.燃用黏结性煤时，要设法消除结焦（在炉排上），否则就会引起煤层进风不均匀现象。
横向给煤 上方横向给煤	进煤 一次空气 相交方向；往返推板炉排式	一般固体燃料褐煤、木材、甘蔗渣	一般 200~250 最大为 300~400	a. 炉排倾斜角应大于燃料自然滑下角，燃料依靠重力下落。 b. 聚集在燃料层下部的熔渣也要定期地用人工排除。
上下混交式	进煤 一次空气 混交方向；上下推板炉排式	灰分及水分极多的少质煤		a.接近于相交方向，故具有上部引燃特点，但由于燃烧着的煤炭被推入煤层，故也具有下部引燃的特点。 b. 燃料在燃料层内反复循环并引起颗粒震动，燃烧量（炉排热强度）与颗粒度的关系不明确。

(1) 层状燃烧过程

把新煤由炉门投入，落在正在燃烧的红热燃料层上。新煤下部受到已燃烧的煤层的加热，其上部受到燃烧气体的热量和燃烧室辐射热的加热。在新煤被加热到110℃左右时，煤粒的表面水分和煤内部的水分就蒸发出来。当温度再上升到200℃以上时，煤被加热到分解温度而开始析出挥发物。析出的挥发物在低温下并不十分多，但在500℃以上时就很多。析出的挥发分与穿过煤层的热空气发生化学反应并进行燃烧。由于挥发物的燃烧使煤本身的温度上升得很迅速，进而加快了燃烧速度，一直到900℃左右，挥发物的析出才结束。这之后就是固定碳(焦炭)的表面燃烧阶段，直到燃尽为止，残留下来的灰就成为灰渣层而留在炉排上。而且，当挥发物析出过程结束后再次把新煤投入，继续进行燃烧。

由于层燃方式中着火条件较优越，因此新煤的加热很迅速，并且干馏出来的挥发物逸出时间也较短促，因而在炉排上能明显地看到析出的干馏气体在燃烧时所出现的火焰燃烧，并且在挥发物析出结束后在炉排上的焦炭呈现出无火焰的红热燃烧特征。因此，层状燃烧过程可形成有焰燃烧和无焰燃烧2类过程。

(2) 煤层内部的燃烧区域

在炉排上，煤层由下到上分别为灰渣层、红热焦炭层、析出物析出层、水分蒸发的新煤层等。但在实际燃烧时，并不会有如此明显的分层区域，各层之间可能是互相交错的。这样，从理解煤层的燃烧机理观点出发，可以分为灰渣层、氧化层、还原层、干馏层4个区域。

①灰渣层。在灰渣层内一般都还会残留一些固定碳(焦炭)，

不可能全部燃尽。要结束燃烧时，灰渣处于高温，但由于一次风从炉排下面进入，并在通过灰渣层时把灰渣热量带走，使灰渣温度下降，与此同时，一次空气的温度稍有增加。因此，灰渣对一次风形成阻力，但能给一次风以预热作用。

②氧化层。氧化层是空气供应量最充分的煤层，燃烧最旺盛，其温度可达 1200~1500℃，为煤层中最高温度处。在这里，碳完全燃烧生成二氧化碳：$C+O_2 \rightarrow CO_2$。根据理论和实验研究表明，氧化层的氧化反应已处于燃烧的扩散区。如果加强送风，以提高气流与煤粒间的相对速度，则氧的扩散速度可增大，燃烧速度随之提高。正因为这样，随着送风量的增大，碳和氧的反应也以同样的速度增大，所以氧化层厚度不会随送风量而变，既不加厚，也不减薄。根据研究结果，氧化层厚度主要与煤粒大小有关，一般等于煤粒直径的 3 ~ 4 倍。

③还原层。如果煤层厚度大于氧化层厚度，那么氧已几乎用完，烟气流在继续上升时就会与碳起还原反应：$CO_2+C \rightarrow 2CO$。因此，还原层是在氧化层上部一次空气不充足时形成的。在这一层中，CO_2 将不断减少，CO 不断增加。当还原层特别厚时，煤层燃烧产物中，CO 的成分就更多，这时炉子就相当于煤气发生炉那样工作了。

如果有大量的还原产物 CO 在炉排上部燃烧室中与二次空气中的氧混合燃烧，那么就会加重燃烧室的负担，来不及燃完这些可燃气体而形成化学不完全燃烧热损失。因此，在选择炉排上煤层工况时应当考虑这个因素，不宜过分增加还原层厚度。一般说来，最合适的煤层厚度还与炉子型式和煤种等因素有关。

由于还原反应是吸热反应，因此在还原层中煤层的温度有所下降。氧化反应和还原反应是一种完全相反的化学反应，并且是一种同时发生的反应。

④干馏层。干馏层位于煤层的最上部，新投入的煤层就在这里进行干馏并析出挥发物。由于从还原层向上进入干馏层的气体中几乎已不存在残留氧，因此在干馏层内是不发生燃烧反应的。

(3) 挥发物的燃烧

从煤层中析出并进入燃烧室的挥发物和从还原层中出来的一氧化碳等可燃气体将与供给燃烧室的空气(主要是二次空气)混合在一起组成混合气体。它们依靠燃烧室等处的高温热源燃烧。这种可燃混合气体的混合过程与气体燃烧的情况相同，都是能产生火焰的有焰燃烧，而且这些有焰燃烧过程都是在燃烧室内完成的。因此，对于层燃方式来说，燃烧室的大小除了要适应炉排及其煤层厚度的需要外，还应当根据燃煤种类的挥发物的百分比确定必要的炉膛空间，以保证挥发物及一氧化碳在逸出炉膛之前全部燃尽。

另一方面，不是所有的挥发物都是在炉膛空间内进行燃烧的，因为挥发物析出的温度范围还是较广的。在干馏层内会有大部分挥发物析出来，但在温度较高的氧化层或接近氧化层最高温度的范围内，也会有部分挥发物析出。这部分挥发物绝大多数将在煤层内部燃烧。

6.4.1.3 影响层状燃烧工况的因素

对于煤层燃烧工况，有重大影响的因素很多，如煤的特性(挥发物的百分比、煤粒度的大小、结焦性能、煤的发热量等)、运行操作方式、炉膛结构、炉排结构等。

下面将对层燃方式中一些影响燃烧工况的一般性问题进行讨

表 6-5 影响氧化层厚度、温度和 CO/CO_2 比值的主要因素分析

主要因素分析		氧化层厚度变化		氧化层顶面最高温度变化		CO/CO_2 比值变化根据最高温度和反应速度变化
		原因分析	结果	原因分析	结果	
煤的挥发物含量	较高	焦炭疏松多孔，反应快，易着火，焦炭量相对较少	减薄	焦炭量相对减少，留在炉排上发热值减少	温度降低	CO/CO_2 下降
	较低	焦炭较坚实，反应慢，不易着火，焦炭量相对较多	增厚	与上相反	温度升高	CO/CO_2 下降
煤块大小 (*d*)	大颗粒	颗粒通道相对较宽，通风截面大气流速度降低，空气滞留于颗粒间的时间短促，表面积小，反应速度减低，空气消耗速度下降	$H_{氧}=3\sim5d$ 基本不变	气流速度下降，含氧量衰减较慢，容易使 CO 燃烧	温度升高	CO/CO_2 下降（氧化层） CO/CO_2 上升（还原层）
	小颗粒	与上相反	同上	与上相反	温度下降	CO/CO_2 上升（氧化层） CO/CO_2 下降（还原层）
炉排下面的送风速度	高速度	气膜层厚度减薄，气流扩散阻力减小，反应速度上升，空气滞留于颗粒间的时间短促	$H_{氧}=3\sim5d$ 基本不变	燃烧状态属扩散区，气流速度上升，反应速度加快	温度升高	CO/CO_2 上升
	低速度	与上相反	同上	同上	温度下降	CO/CO_2 下降

论。

①影响燃烧区厚度、温度和进入炉膛的燃烧产物的气体组成因素。

理论分析和实践研究证明，除了炉排结构之外，煤种的挥发物含量、煤块尺寸及送风速度的大小都对煤层的燃烧区厚度、温度和气体组成产物有一定的影响，见表 6–5。表 6–5 中列出了在给定的炉排结构下，上述 3 个因素对煤层氧化层厚度、氧化层最高温度及燃烧气体中 CO / CO_2 比值的影响程度。

②炉排结构对煤层燃烧工况的影响。

炉排是层燃炉中的一个重要部件，其工作条件较为恶劣，因为它与燃料直接接触。煤层在刚开始燃烧时，炉排与烧红的煤直接接触，炉排面的温度达 600℃以上，以后煤层燃尽后出现灰渣层，才对炉排起一定的保护作用。但是，防止炉排不被高温烧坏，这是选用炉排结构的一条重要原则。在正常的燃烧过程中，炉排的冷却主要依靠通过炉排缝隙的空气流。为了很好地冷却炉排，应使炉排有足够的高度，以便获得更大的炉排侧面积被空气冲刷和冷却。空气冷却炉条的冷却程度 W 可用下式表达：

$$W=\frac{\text{炉排片横截面的受热长度}}{\text{炉排片横截面的散热长度}}=\frac{\text{炉排片的宽度}}{\text{炉排片的高度}}$$

一般要求 $W=1\sim1/20$，针对具体的煤种发热值，可按表 6–6 中数据选用合适的冷却程度 W。

表 6–6

煤的低位发热值 /(kJ/kg)	8373.6	16747.2	25120.8	33494.4
炉条冷却程度 W	1~1/3	1/3~1/6	1/7~1/11	1/14~1/20

除了采用增大冷却面积的方法来保证炉排片安全工作外，还

应当根据空气的流动分布条件，力求使燃料层中温度最高区域远离炉排表面。空气流动分布条件可以用炉排上的通风截面积百分率（炉排开孔率）f 来表征：

$$f=\frac{\text{炉排面上各通风间隙截面之和}}{\text{炉排的总面积}}$$

一般要求 $f=8\%\sim45\%$ 左右，而且对于挥发分含量较大和煤块上的煤种，宜采用 $f=15\%\sim40\%$ 的炉排；相反，对于挥发物含量少的煤种和小块煤，可选用 $f=7\%\sim15\%$ 的炉排。通风截面百分率 f 对空气流动分布可用图 6–1 的原理进行剖析。

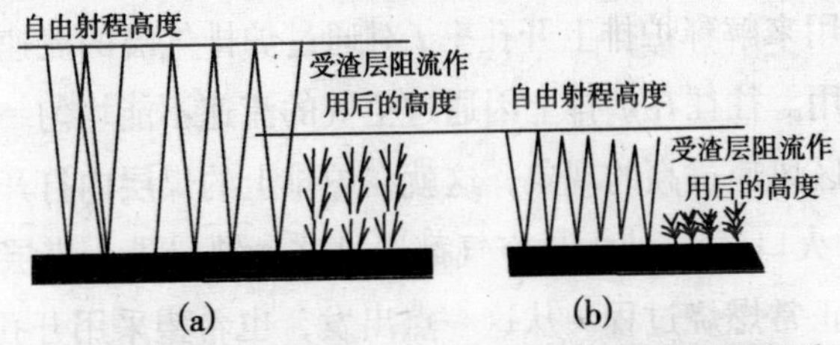

图 6–1　炉排通风截面百分率(开孔率) f 对空气射流的影响

(a) 风孔相同，但开孔率小；(b) 风孔相同，但开孔率大

从图 6–1 中可知，当开孔率较小时，孔距较大，而通过风孔的风速就高，结果各股引射气流彼此相遇的高度就愈高。也就是说，使空气流过整个煤层的界面离炉排面就愈远。从上述层燃原理可知，煤层的最高温度面一定是在空气集中的地方。因此，图 6–1(a)的炉排用较小的开孔率，便能保证煤层最高温度远离炉排。这就有利于降低炉排本身温度，且在燃用灰溶点较低的煤种时，由于溶质自高温面下落的距离较长，因而易被向上的空气流吹冷凝固，减少了炉排结渣、堵死风眼的可能性。

其次，开孔率 f 值的大小也直接影响到炉排的冷却。因为炉

排冷却程度 W 一定时，开孔率 f 值愈小，炉排孔中的气流速度愈高，炉排冷却就愈好。已有资料证明，炉排中风速每增高1 倍，在炉排表面上的最高温度可下降约 300～350℃，这对于保证炉排不被烧坏极为重要。

最后，炉排开孔率的大小也影响到炉排内风速分配的均匀性。众所周知，气流在通道中流过时，沿通道截面上的风速不一定能均匀一致，常用的方法是在通道截面上加装一层筛网。这样，通过筛网时的各股气流速度就比不加筛网前的流速更能均匀一致。一般说来，筛网孔眼愈小，流速愈加均匀一致。这一原理同样可用来解释炉排上开孔率 f 对通过炉排气流的流速均匀化所起的作用。往往在炉排上因通过空气的流速不能均匀一致而出现局部地区风速过高的现象，这就在炉排上的煤层内打开一些缺口(俗称“火口”)，使大量空气都通过这一缺口进入煤层，破坏了煤层的正常燃烧过程。从这一点出发，也希望采用开孔率 f 较小的炉排，以获得炉排孔内风速均匀一致的目的。但是，采用过小的开孔率，将使通过炉排的通风阻力急剧增加。这对于依靠自然通风工作的炉膛来说，显得尤为困难。

6.4.2 链条炉的燃烧调整

6.4.2.1 链条炉的燃烧过程

链条炉是一种应用最广泛的火床炉，目前在工业锅炉行业中使用很普遍，运行经验也比较丰富。目前国内应用链条炉排的锅炉已经达到 130t 热水锅炉，蒸汽锅炉也已经发展到 75t。

在链条炉上，燃烧通过煤层调节门以一定的厚度进入炉内，见图6–2。在炉排上的煤受到拱墙辐射热和高温烟气的辐射热，在一定距离内完成预热。在预热干燥阶段，起主要作用的是辐射热，所以煤层的温度是最上层的最先升高，也最先干燥，下层燃料温度上升缓慢，要在炉排走出一段距离以后才能得到干燥，干燥完毕后开始析出挥发物。干馏后的煤层表面在到达图 6–2(a)中 *B* 点处着火燃烧，并促进着火，可不让一次空气通过此部分。对于着火较为困难的煤种（例如无烟煤），则可能推迟着火，于是煤层表面的着火线就移向炉排中央侧。随着炉排的移动，煤层表面着火位置就逐渐向煤层下部移动，并到达炉排面上，如图 6–2 中 *O* 点所示。从调节门到煤层表面着火的距离 *AB* 为干燥区，*BC* 段则为燃烧区，*CD* 段则为燃尽区。在燃烧区，由于煤的热分解过程析出的挥发物，以及与下面上来的空气发生作用生成的 CO，这两种气体混合成的可燃气体通过煤层，上升到炉膛空间内进行燃烧。因此，*BO* 线以前为干燥和挥发物析出区，到 *BO* 线时挥发分已全部析出，剩下的是焦炭，然后便是焦炭的燃烧区域。

焦炭的燃烧是从 *BO* 线开始的，一直延续到炉排最后。基本上可分为 2 个区域：氧化区和还原区。空气从炉排下面上来先与焦炭接触，其中的氧气比较充足，所以先进行氧化反应，产生 CO_2。CO_2 上升与灼热的焦炭作用就发生还原反应生成 CO，最后形成 CO 和 CO_2 的混合气体升入炉膛。直到炉排的尽头，燃烧过程基本进行完毕。在焦炭燃烧过程之后，便形成灰渣区，只有很少一部分还没有燃烧完的焦炭还在这个区域内继续燃烧。见图 6–2(a)。

手烧炉的燃烧过程随时间而周期性变化，但整个燃料层上面各处的气体成分大致是均匀的。而在链条炉中，燃料随着炉排不断地运动，依次发生着火、燃烧、燃尽等各个阶段，燃烧情况沿着炉排长度方向是分阶段、分区进行的。因而，在火床层上方，气体成分沿炉排长度方向是很不均匀的，如在挥发物析出区的上面就有许多可燃气体，而在燃尽区上方可燃气体很少。这些特点与手烧炉截然不同。见图 6–2(b)。

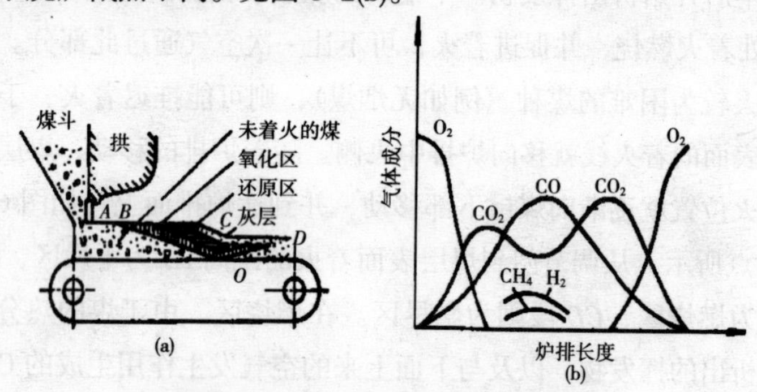

图 6–2 链条炉炉排上燃料的燃烧特性

(a)炉排上燃料的燃烧过程；(b)链条炉燃烧过程各种气体分布图

煤在炉排上燃烧过程中火床层厚度和通风阻力的变化见图 6–3。

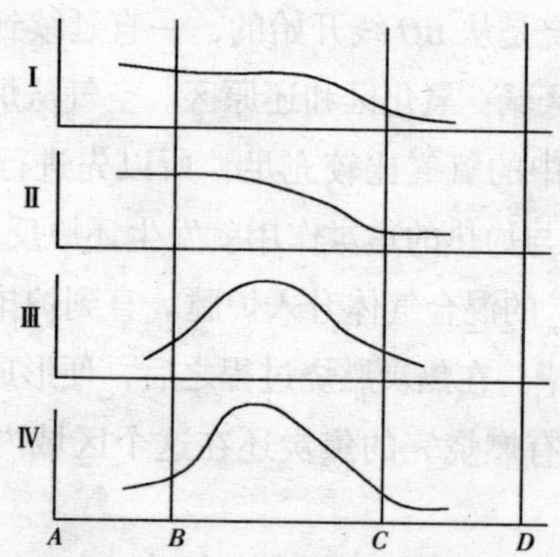

图 6–3 炉排上火床层和通风特性

Ⅰ—火床层厚度；Ⅱ—火床层阻力；
Ⅲ—燃烧需要的一次风量；Ⅳ—必要的通风压头

由于燃烧过程的发展，火床层厚度沿炉排走向逐渐降低，到炉排尾部形成渣层。随着火床层厚度的降低，通风阻力也逐渐减少。

6.4.2.2　链条炉的送风特性

如上所述，煤在炉排上的燃烧是分阶段、分区域进行的，所以沿炉排长度方向所需的空气量也就不同。在煤的预热干燥时，可以完全不需要空气。在挥发物析出区，有一部分可燃气体已经开始着火，因此需要供给一部分空气，使不断析出的可燃气体着火燃烧。以后，挥发物燃烧和焦炭的燃烧区域是燃烧过程的主要部分，需要送入大量的空气，最后是灰渣的形成区域，燃烧过程已基本完毕，所以不需要多少空气，主要是炉排冷却需要送风。各区所需空气量及相应的通风特性见图 6–3 中Ⅲ和Ⅳ。

根据这个原则，从一次风量的需要来看要求进行风量调节，因而在链条炉中沿炉排长度方向不是均匀送风的。不分风室满仓灌风的方法是不符合燃烧需要的，其结果是燃烧需要的空气量与进入的空气量不相适应。由图 6–4 知：沿炉排走向，火床层阻力逐渐降低，通仓送风就使得愈向炉排后端送风量就愈大，因而均匀送风使炉排两头空气太多，而中间却空气不足。这样造成的结果是：既增加了化学未完全燃烧损失和机械未完全燃烧损失，又有很大一部分热量随着未被利用的空气带走，使排烟损失增加。

由链条炉的燃烧过程可知，在引燃区和燃尽区空气需要量少，燃烧区需要量大，在燃烧旺盛区需要量最大。而通仓送风会使引燃区和燃尽区空气过剩，燃烧区空气不足。合理的办法是采用分段送风，将炉排下分成几个区域，互相隔开，即分成风室。通过每个风室送入炉排的风量可以单独进行调节。如从风道来的一次风分别从炉排两侧风箱送入各风室，炉排下各风室的入口装有调节风门，调节其开度就能控制送到各风室去的风量，从而可以接近各燃烧区段所需要的风量，使送风很好地配合燃烧过程，以提高燃烧效率。分段送风见图 6–4。图 6–4 中，曲线 2 为燃烧过程所需空气量，直线 5 为分段送风进入各风室的风量。

不同的煤种在链条炉排上的燃烧过程基本上是相仿的。不过，每个燃烧阶段的长短和所需的空气量有所不同，应按煤种实际需要调节炉排各区域的进风量。

链条炉排的送风沿长度方向是分段的。为了减少沿炉排宽度方向的风量分配不均，还可采用双面进风。

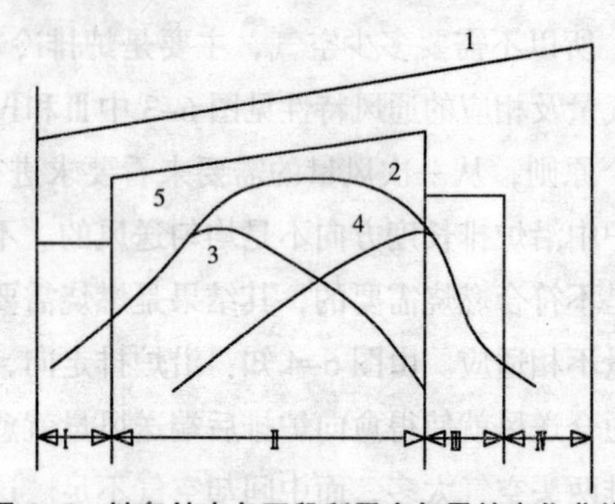

图 6–4　链条炉内各区段所需空气量的变化曲线

6.4.2.3　链条炉对煤种的适应性

链条炉对燃用的煤种有一定的要求。在链条炉排上燃用发热量为4500 ~ 5000kcal/kg 以上、挥发分大于 15%、灰熔点高于1250℃以上的弱黏结、粒度适中的烟煤是最适宜的。

如链条炉宜烧烟煤，也可烧劣质烟煤，但以烧烟煤或劣质烟煤和无烟煤混烧时效果较好，最大煤块尺寸不宜超过 40mm。对于无烟煤和褐煤等煤种，在采用一系列运行和结构上的措施后，也能在链条炉内燃用，但锅炉的蒸发量和热效率将会降低。

一般来讲，煤中水分和灰分的增加，以及挥发分的减少，对于煤的引燃和燃烧都是不利的。但因具体情况的各种因素所致，其影响结果也不一样。

下面就煤的性质对链条炉排工作的影响进行讨论。

①水分。煤的水分对于燃烧的影响是双重的。对于链条炉来说，煤中适当的水分能使碎屑和块煤黏在一起，从而使漏煤和飞灰减少，同时由于水分蒸发能疏松煤层，使煤粒间隙加大，减少通风阻力。比如，在 1 个大气压下由水变成水蒸气，体积要增加 1650 倍。因而水分从煤层中蒸发出来，在煤层内要留下很多空隙，这有利于通风，有利于强化燃烧。燃烧碎屑较多的煤时，保持入炉前煤有一定的水分是必要的。但另一方面，由于煤中水分增加使干燥时间加长，水分蒸发要吸收热量，这对煤的着火是不利的。而且，水分增加时，水蒸气混合到可燃气体中，既增加了可燃气体的热容量，又降低了它的浓度，这对可燃气体燃烧也是不利的，因而使燃烧室温度下降。同时，水分增加，烟气体积增加，排烟损失也跟着增加。

水分对煤的着火燃烧的影响是多方面的。对于细粉较多、易黏结的高发热值的煤，在原煤中加入适当的水分，这在运行上已经取得了良好的效果，还可使煤层不致过分结焦。

煤中加入的水量应当根据煤的粒度组成而定，细粉越多，加水量就应增加。见表 6-7。

表 6–7

煤中小于 3mm 的细粉含量 /%	建议添加的水量 /%
20 ~ 40	5 ~ 7.5
80 ~ 100	12.5 ~ 20

添加水分以后，细粉都附着在块煤上，可改变煤的通风特性，降低通风阻力，这对提高锅炉热效率是有益的。但要适量，同时要加得均匀，要 8h 左右的渗透时间。

②灰分。煤中的灰分和水分一样，灰分增加使可燃物含量减少，发热量降低，对煤的着火和燃烧带来不利的影响。当燃用多灰的煤时，在焦炭的周围覆盖了过多的灰渣，阻碍了它和空气接触，也就阻碍了它的燃烧，拖长了燃烧时间，增加了不完全燃烧损失。根据大量实践和实验结果，灰分大于 30%时，燃烧效率就很差，而且煤中灰分越大，锅炉效率降低得就越多。

图 6–5 和表 6–8 列出了煤中灰分对锅炉效率的影响。

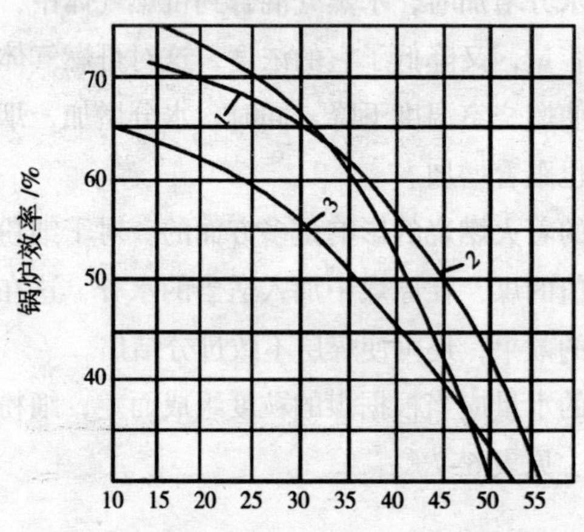

图 6–5　煤中灰分对锅炉热效率的影响

表 6–8　煤中灰分对热效率的影响

灰分 /%	10～15	15～20	20～25	25～30	30～35	35～40	40～45	45～50
灰分每增加 5%时锅炉效率的降低值	0	0.16	0.34	0.52	0.72	0.92	1.12	1.34

同时，在焦炭的燃烧过程中，由于有还原作用，在炉排上形成很浓的还原气氛(即 CO 较多)，有助于将灰渣中的氧化铁还原成氧化亚铁，使灰渣熔化温度也相应地降低很多。因此，烧多灰分的劣质煤很容易在炉排上结焦。破坏燃烧过程，严重的还可能堵塞炉排的通风间隙，造成炉条过热和烧坏。所以，在链条炉排上燃用多灰分的煤是有一定困难的。

燃用燃料中灰分过少，炉排的渣层过薄，也可能使炉排片过热，对链条炉工作也是不利的。因此，对链条炉来讲，煤的灰分也不宜低于 10%。

③挥发分。煤中挥发物的含量和质量对炉排上燃烧过程的发生和发展都有很大的影响。煤燃烧时，挥发物首先析出，与空气混合并着火燃烧，这对焦炭的燃烧是很重要的。一般地说，挥发物愈多，愈容易着火，燃烧也好。挥发物少的煤，燃烧也困难。比如，无烟煤挥发物含量少，而且要在较高的温度下才能析出挥发物，因而着火困难。着火愈困难，燃烧和燃尽的时间就相对减少，因而，机械未完全燃烧损失也就增加。但对于炉膛容积热负荷比较高的炉子，由于炉膛容积相对较少，挥发分高时，则易于产生化学不完全燃烧损失，烟囱易冒黑烟。

④发热量。一般来说，发热量降低，锅炉的效率和出力都下降。当煤的低位发热值小于 16747.2kJ/kg(计 4000kcal/kg)时，在链条炉上燃用这种煤就困难了。因为发热值低的煤是水分大或灰

分大或两者的含量都大，燃烧的温度低，拱的温度和辐射热量都低，燃料着火很困难。同时，燃用这种劣质煤时，燃煤量增加，炉排的运行速度或煤层厚度相应地要提高，这对于着火和燃尽都是不利的。因而，发热量低于16747.2kJ/kg(计4000kcal/kg)的煤在链条炉上燃用，必须采取一定的措施。

⑤煤的颗粒度对链条炉的工作影响很大，未经筛分的原煤在链条炉排上燃烧是十分不利的。因为粒度不均，煤层容易堆得很结实，碎屑嵌于大块之间，使热量不易传到煤层深处，同时，干燥过程中的水蒸气又不易散发出来，因此煤层着火困难。另一方面，煤层中夹杂碎屑，使火床阻力增加，易于产生“火口”。颗粒度不均，在煤斗中易产生机械分离，大块煤都集中在炉排的两边，使得炉排通风分布不匀，火床上燃烧不均匀。为了保证煤层均匀，颗粒度有如下要求：最大煤块不超过40mm，小于6mm的不超过50%，小于3mm的不超过30%。

⑥黏结性强的煤由于受到炉内高温辐射的作用，表面软化熔融，形成板状结焦。这种情况对链条炉来讲是很不利的。燃用这种煤时，在运行中要进行繁重的拨火操作。另外，由于火床结焦通风不利，有时使燃烧不能连续进行。所以，在链条炉上不宜燃用黏结性强的煤。

6.4.2.4　链条炉的炉拱和二次风

链条炉排的工作能力主要决定于炉排速度、煤层厚度及送风情况。这3个条件决定了给煤量，以及煤燃烧所需空气量、空气温度等，就是说决定了煤层的燃烧过程。

链条炉中即使采用了分段送风，在火床上部的气体成分中仍然有不少可燃气体(如CO，CH_4和H_2等)集中在炉膛中部，同时，大量的燃烧产物从火床层中还要带起煤屑和细粉，由于炉排中部送风量大，这些细屑和煤粉也集中在炉膛中部。但由链条炉的燃烧特性知，炉膛中部空间是缺氧的，而炉膛的前后部氧气过剩，这种现象不能由分段送风的调节完全消除。因此，必须组织这些可燃气体、细煤屑和炉膛内的过剩氧得到混合而完全燃烧，以减少飞灰和机械不完全燃烧损失。它们的发热量可能达到燃料总发热量的 40%~50%。

另一方面，煤在链条炉排上的着火条件远不及手烧炉。煤在链条炉排上主要依靠炉膛辐射热着火燃烧，这种着火方式称为有限着火。因此，炉膛形状不合适，对一些难以着火的燃料有可能无法引燃。

对于链条炉，炉排上的燃烧和炉内的燃烧两者必须兼顾。要搞好链条炉的经济运行，必须重视炉拱和二次风在调整中的作用。

链条炉的拱是十分重要的，拱的作用在于促使炉膛中气体的混合以及组织辐射和炽热烟气的流动，使燃料及时着火。拱的形状和布置与燃料的种类是密切相关的，比如对于无烟煤，首先是保证着火的问题；而对于烟煤，促使炉内气体的混合是主要目的。

燃料的着火主要依靠火床上空炽热烟气的辐射。炉拱本身是不能产生热量的，它只能积蓄热量和反射热量，而这热量来源于烟气。为了保证燃料在炉排上及时着火，可以设置引燃拱，有计划地将炉内辐射集中反射到煤闸门出口附近的煤层上。一般常用的引燃拱形状如图 6-6 中所示的几种形式。

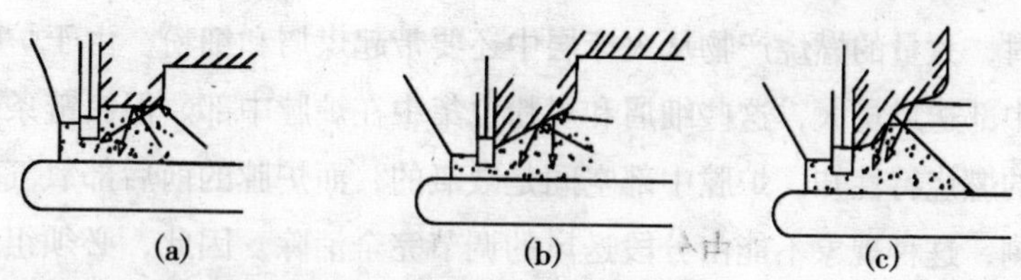

图 6–6　引燃拱的几种形式

(a)水平式；(b)斜面式；(c)抛物线式

图 6–6 中，图(a)为水平式引燃拱，它使热量散布于火床头部，不能达到满意点火的目的，在燃用挥发物较高的煤时易使煤闸门燃烧；图(b)为斜面式引燃拱，它比前一种更能有效地把热量反射到刚进入的煤层上，保持较稳定地着火；图(c)为抛物线式引燃拱，它也能有效地把辐射热反射到刚进入的煤层上，但结构复杂。

燃烧室内后拱的尺寸和布置对燃料的点火和引燃起着重要作用，低而长的后拱，不但可以使炉膛后部的高温烟气向炉前流动，而且在这股烟气到达后拱前端时，它可以将气流中携带的炽热的煤粒抛向前拱下的煤层上，这样，对新进来的燃料的着火就十分有利。在链条炉燃用劣质烟煤时，为了强化炉排前端煤层的着火过程，可以在引燃拱后面设置短而高的前拱；而为了加强可燃气体的混合燃烧，可以使用长而矮的后拱，让炉排燃烧区所产生的炽热燃烧气体被迫引到煤层前部析出挥发物的区域。这样，在前后拱的相互配合下，燃料就可以达到满意的引燃和燃烧效果。

由链条炉的燃烧特性可知，在炉排上燃料层各区段放出来的气体成分是各不相同的，有的氧气过剩，有的还含有可燃气体

CO，H_2 和 CH_4 等，同时也有大量未燃尽的飞灰随烟气带走。由此可见，链条炉燃烧的经济性不仅与火床燃烧的组织有关，而且也受炉膛中混合及燃烧情况的影响。后者单靠燃烧室的观念装置炉拱是不能解决的，采用的另一种有效措施就是应用二次风。

二次风就是将燃烧所需要的一部分空气用某种方法从火床上部送入炉膛中，用以搅拌炉内气体使之混合。其作用如下：

①恰当的二次风能加强炉内的氧同不完全的燃烧产物混合，使化学不完全燃烧损失和炉膛过剩空气系数降低；

②二次风在炉内造成烟气的旋涡，可以延长悬浮的细煤粒在炉膛中的行程，使飞灰不完全燃烧损失降低，对解决烟囱冒黑烟有一定的作用；

③煤中细粒充分燃尽以后，密度往往增大，再加上气体的旋涡分离作用，可使飞灰量降低；

④二次风对着火有一定的帮助。

采用二次风主要并不一定是为了补充空气，而是搅拌烟气。所以，二次风可以是空气，也可以利用其他介质如蒸汽等。用空气的最普遍，因为它既能促进混合，又可以供给燃烧需要，其缺点是往往要配合一台压头较高的风机，用蒸汽做二次风时设备简单，而且低负荷时炉膛过剩空气系数不致太高，有利于保持炉温和一定的燃烧效率，但耗汽量大，运行费用较高。在近年锅炉改造中，应用较多的是蒸汽—空气二次风，它主要是利用高速度的蒸汽喷入炉膛时，造成喷嘴附近的负压区，带动空气以较高的速度由空气管喷入炉膛。这种方法结构简单，收效快。在 10t/h 以上的工业链条炉上均采用蒸汽—空气二次风。

采用蒸汽喷射(或蒸汽引射空气)，便引起炉膛内产生涡流，使可燃气体与过剩氧混合，改变炉膛内气体的不均匀，达到燃烧完全，减少未完全燃烧损失。在链条炉上燃用劣质煤时，利用这种方法还可以帮助促进燃料着火。因为劣质煤燃烧温度低，引燃拱的温度很难升高，所以着火就迟。采用蒸汽喷射时，利用一定的喷射方向可以诱导火焰加强对砖拱和煤层的辐射，促进着火。喷射蒸汽的量最好通过实验来确定，一般大约可控制在每千克燃料喷射0.075kg 蒸汽。

在使用蒸汽喷射诱导烟气以促进着火或者作为二次风搅动炉内烟气时应该注意：

①尽量采用湿度小的蒸汽；

②采用压力高的蒸汽，这样使用量少而且效果显著；

③蒸汽喷射的方向，可在运行使用中进行调整。

6.4.2.5　链条炉的燃烧调整

链条炉的燃烧调整主要是指送风和给煤的配合，目的是保证锅炉安全、经济地运行。而燃烧的关键是着火稳定，燃烧均匀，火床各区域长度适宜，不跑火(即保证炉渣含碳量少)。链条炉的燃烧好坏与运行操作技术有很大关系。燃烧过程的可调参数如煤层厚度、炉排的行走速度以及分段送风门的开度等，在运行中应根据火床燃烧情况和煤质随时加以调整。

⑴ 煤层厚度和炉排速度的调整

在固定的锅炉负荷下，煤层愈厚时，煤在炉内停留的时间就愈长，但这对燃烧不一定有利。尤其当燃用混煤和煤末时，底层的吸热和着火迟缓，煤层通风阻力大，炉排下风压增高，火床层的煤块大小不一，阻力分布不均，阻力大的地方容易产生压火，使机械不完全燃烧损失增加，阻力小的地方容易穿孔漏风，使炉膛内空气过剩系数增加。燃用颗粒度小的煤透风困难，而采用薄煤层就有利于透风。厚煤层易出现还原层，产生的一氧化碳会促使煤灰结渣，所以灰熔点低的煤应该用薄煤层。因而，一般来说，链条炉燃烧多尽量采用薄煤层、低风压的操作方式。

燃料层厚度及炉排速度与燃料性质和炉膛热负荷有关，大部分煤种在正常运行下，煤层厚度不应超过 70～180mm。一般对烟煤采用薄煤层快速度燃烧，煤层厚度可采用 90～120mm；烟煤或劣质烟煤和无烟煤混烧时，煤层厚度可采用 100～130mm；烧无烟煤时采用厚煤层慢速度燃烧，煤层厚度建议大于 130mm。煤的湿度大时，宜采用厚煤层慢速度燃烧。燃用的粒度不同时，对煤层厚度也应当作适当调节。比如燃用煤末的，煤层厚度不宜超过 100mm；一般粒度的混煤，厚度在 90～120mm；而粒度小于 50mm 的中小选煤时，厚度可使用 150～200mm；粒度大时，为保持匀整的火床，多应用较厚的煤层。此外，多灰分的煤种应加厚煤层；炉排面积热负荷高时也应采用较厚的煤层；前拱温度太低、引燃有困难时，也应适当加厚煤层。

一般来说，链条炉燃用挥发分少的煤不容易着火，因此炉排速度宜慢些，以保持着火。如果炉排速度过快，则容易出现断火现象。当燃用挥发分多的煤时，炉排速度过慢会使着火点过于靠前，以致烧坏煤闸门，因此炉排速度应快些。

锅炉送风风压的大小与煤层厚度直接有关。煤层厚度大，风压也要大；否则风吹不透，火烧不旺，带不上负荷。煤层厚度小时，风压也要小；否则容易吹走细煤末，造成火口，火口部分空气过多，燃烧强烈，而其他部分则空气不足，火不旺，整个火床燃烧不均匀，机械不完全燃烧热损失和排烟热损失增加，负荷也带不上去。

根据上述，炉排速度、煤层厚度、风压这三者，在固定的负荷下，可以有3种配合方法：

①厚煤层，高风压，慢速度（即炉排速度应慢些）；

②薄煤层，低风压，快速度；

③中煤层，中风压，中速度。

运行中究竟采用哪一种配合方法，主要决定于煤种。比如，烧无烟煤、劣质烟煤或大块煤，都可以采用第一种配合方法；烧烟煤或末煤，都可以采用第二种方法等。

当然，这3种配合方法是相对于一定负荷而言的，不是固定不变的。比如高负荷运行，煤层要厚些，风压要高些，炉排速度要快些，反之则相反。燃用不同的煤种，上述配合方法采用的煤层、风压、炉排速度的数值都各有差异。所以要根据具体情况来掌握配合，针对锅炉房所用煤种，摸索经验，切不可生搬硬套。

一般地说，当负荷变动不大时，燃烧调整主要是改变炉排速度和风量。当负荷增加、汽压降低时，应增加风量，先增引风，再增送风，然后增加炉排速度。当负荷减少、压力上升时，应减少风量，先减送风，再减引风，然后降低炉排速度。锅炉运行操作为什么往往要先调风量，再调煤量呢？这是因为改变风量可以很快地稳住压力，所以一般习惯于先调风。对链条炉来说，由于炉排速度很慢，煤量变化需要一定的时间，等煤进入炉子后才见效，所以汽压调节时总是先调风。但是，调风后应该很快调煤。如果汽压下降时，增加了风量而不及时增加炉排速度，那么炉中煤的燃烧速度增加，煤的消耗量增多，炉子的可燃质越来越少，因而汽压虽然顶上去了，不久又会降下来，而且风加得越大汽压就降得越快。如果汽压上升，减少了风量而不及时降低炉排速度以减少煤量，那么炉中的可燃质越来越多，不久又会降下来，而且风加得越大，汽压就降得越快。如果汽压上升，减少了风量而不及时降低炉排速度以减少煤量，那么炉中的可燃质越来越多，不久就会出现跑火现象。因此，调风后应很快调煤。

在负荷变化较大或煤种变化时，应调整煤层厚度。对每一台炉子，在某一个负荷范围内，应该用多厚的煤层，运行人员应该通过实践积累的经验，摸索规律，做到心中有数。

(2) 分段送风的调整

链条炉炉排下分段风门的开启情况或分段风室的风压，通常是由煤种、炉排和炉拱的具体结构型式决定的，并且和送风压力、火床燃烧状态等运行情况有关。为保证链条炉燃烧过程的合理进行，配风方式大致上是炉排前后端风量小，而中间则逐渐增大，炉排前部主要是利用少量送风和炉内辐射热使燃料迅速干燥和着火。炉排后部为火床的燃尽区，亦应减少送风维持适当的火床长度，并避免燃尽段床层吹动增加过剩空气量，运行中应维持床层上火焰较旺盛区段的长度约为炉排长度的 3/4 以上。即送风应保证在距离煤闸门 0.2m 的范围内着火，但不允许在煤闸门下面燃烧，因为这样容易烧坏煤闸门。在炉排尾部老鹰铁前 0.5m 左右燃烧完毕。

挥发分多的煤种易于引燃，而且着火后就需要供给充足的空气，故送风最大的部位在炉排中间偏前，该区段的分段送风门应全开。挥发分少的煤着火较迟，且主要是焦炭燃烧，需要大量的空气，故分段送风门的开度由炉排中间部位以后逐渐开大。如燃用无烟煤时，甚至到后拱部位分段送风门才能全开。

分段送风门的实际开度要经常随炉排速度、燃煤粒度、水分的变动以及火床面的燃烧情况加以调整。但调整的幅度一般不宜过大，且主要是调节炉排后半部的分段风门，以维持火床长度。到达老鹰铁前的燃尽段应为发红的热炉渣。如果炉渣中尚有余火，亦可开启最末一道风门尽量吹烧。常利用挡灰板使灰渣堆存适当时间，以利燃尽并防止漏风。

调整分段送风门的合理开度，需长时间地摸索，根据火床燃烧状况及排烟损失和机械不完全燃烧热损失(q_2+q_4)判断确定较适当的配风方式。

(3) 燃煤水分的调整

高挥发分的烟煤当水分大时，容易在煤闸门下面燃烧；当煤末或混煤的水分过小时，煤层容易吹洞，造成煤粉的大量飞扬，会增加机械不完全燃烧热损失和排烟损失。燃料的水分愈高，着火准备时间就愈长，而推迟煤的引燃，会形成煤的跑红火，并增加排烟热损失，末煤或混煤如水分适当时(参考前面的推荐值)，可使煤的堆积比重最小，床层疏松，孔隙多，通风均匀，阻力降低，因此不易吹洞起堆，可以获得最高的燃烧效率。

向煤中加水应注意均匀且需“浇透”，就是让水渗透到煤堆内部才能收效，为此应加水后堆存 8h 左右。

燃煤水分的比较试验可在经济负荷或常用负荷下进行。选取 3~4 种不同的水分值，观察炉床燃烧状况并进行热效率测验，据此确定较适宜的水分值。观察煤中水分的多少也可凭经验判断，一般以手捏成松团为合适，这时煤的含水量约在 10%~12%。除单一烧无烟煤不需浇水外，凡烧烟煤、劣质烟煤或混煤时，均需要事先加水。

(4) 二次风的调整

锅炉运行中，正确使用二次风可以提高锅炉效率 4%~10%。但过分增加二次风也是无益的，它会增加排烟热损失，或当空气过剩系数保持不变时，会增加机械未完全燃烧热损失。二次风的数量根据燃料种类的不同而定，一般为全部所需空气量的 8%~15%。当燃用无烟煤和贫煤时约占 5%，燃用烟煤时约占 7%或更高些。

采用二次风的效果与喷嘴布置型式很有关系。一般装在前墙或者后墙上，因为前部有挥发物析出，有较多的未完全燃烧产物，而后部氧气过剩。亦可前后墙都有，常在前后拱形成的缩口处喷入。

为了充分利用炉膛容积进行燃烧，二次风的布置可尽量接近火床层，一般比料层高出约 1.25 ~ 1.5m，喷口可以水平布置，亦可略向下倾斜 10°~15°，但必须注意不使二次风直接射在燃料层上。

为使二次风能穿透烟气层并起到正常的扰动混合使用，必须保证足够的喷嘴出口速度，一般喷嘴出口速度达 50m/s 以上。蒸汽引射二次风和蒸汽二次风风速更高。与其相应的二次风压通常为 2941.995~3922.66Pa(计 300~400mmH_2O)。二次风的射程可根据炉膛的大小选取，一般在 1.5~2.5m。

为了充分发挥二次风的作用，运行中必须根据使用煤种和锅炉的变化进行调整。锅炉负荷增加时，二次风应适当加大。煤末含量较多时也应适当加大。一般锅炉负荷在 60%以上时应投入二次风。锅炉负荷低时，燃烧室温度较低，则应停掉二次风。确定使用二次风负荷的下限，可由调整试验来确定。

⑸ 炉膛过剩空气系数的调整

炉膛过剩空气系数在很大程度上决定了锅炉燃烧的经济性，过剩空气系数过大会加大排烟损失 q_2, 过小会加大机械和化学不完全燃烧损失 q_4+q_3。因此，它有一个最经济的数值，当热损失 $q_2+q_3+q_4$ 最小时，热效率最高。当锅炉负荷降低时，过剩空气系数会有所增加。

最佳过剩空气系数随锅炉结构和煤种不同而异。它可由调整试验来确定。试验时，炉膛出口过剩空气系数的数值可在 1.2~1.8 内选取。

6.4.2.6 链条炉燃烧状态的观察

锅炉运行人员观察炉内的燃烧状态(即看火)，对于搞好锅炉燃烧工况的调整是非常重要的。在看火时，应注意如下几个问题。

⑴ 判断燃烧温度的高低

火焰颜色与火焰温度有关。因此，可根据色调来判断其燃烧温度的高低。这样，在没有烟气分析仪时，也可利用炉内火焰颜色来观察燃烧状况是否合适。发光火焰的颜色与其温度之间有如表 6–9 所示的关系。

表 6–9　火焰颜色与火焰温度的关系

火焰颜色	火焰温度 /℃
较暗的深红色	520
暗红色	700
红色	850
亮红色(橙色)	950
黄红色(淡红色)	1100
红白色(白色)	1300
亮白色(耀眼的白色)	1500

(2) 判断风量是否合适

风量的大小从火色上可以看出来。风量合适时，火焰应是金黄色；风量过大，火色发白；风量过小，则火色暗黄。

但是，火色与负荷有很大的关系。负荷高的时候，煤量、风量都大，燃烧猛烈，火色应较白；负荷低时，则火色应较黄。所以，从火色上判断风量，还要看当时的负荷，负荷不同，反映合适风量的火色也不同。

当风量大得太多时，火色又会暗下来。这是因为火色代表了燃烧温度，当风量大得太多时，不参加燃烧的冷空气进入炉膛的太多，炉温反而降低了。这时，绝不能误认为风量不足而去加大风量，相反应减少风量。

(3) 观察火床是否平整

火床平整时，火焰密直且均匀。

如果火床上有火口，则火口处有大量空气通过，火口周围火色炽白，而其他部分风量减少，火色发黄。火口出现，破坏了正常燃烧工况，应立即用工具把火拨平。

如果火床上有局部堆煤压火，则压火处火色暗，甚至形成黑区。在燃烧猛烈时，小块压火不易看清，但压火处的火焰发旋，仔细观察仍能发现。堆煤压火处通风不好，燃烧不完全，而且易结渣，所以发现后应立即用工具将堆煤推开。

(4) 观察发火点和燃尽点

链条炉要注意发火点。发火点过远，容易形成断火；发火点太近，还会烧坏煤闸门。

链条炉看燃尽点就是看火位。燃尽点的位置与负荷有关：负荷高时，火位应长些；负荷低时，火位应短些。负荷低时，火太长，为了保持汽压不能增加风量，可以降低炉排速度；负荷高时，火太短，可以增加炉排速度。

发火点与燃尽点有一定的关系，发火点延迟，燃尽点就更延迟。根据运行经验可知，发火点延后10cm，火焰中心和燃尽点要延后50cm。可见，发火点延后，很容易跑火。

链条炉两侧由于煤闸门高低不一致，会造成进煤量不等，一侧火床厚，一侧火床薄；或由于混煤煤质不匀，两侧煤质不一样；或者炉排下两侧风压不均衡，常会造成燃尽区有偏火现象，即一侧火长一侧火短。遇到这种情况，则可开大火长侧的分段小风门或关小火短侧的分段小风门，也可调整炉排转速，或设法调整两侧煤层厚度，使其燃尽段火线平齐。但这些调整不是能马上见效的，必须等炉排转动半圈，未调整前的火床走完后才能见效。所以不要操之过急，不要调一下不见效，再调一下，这样很容易调得过分，形成反方向地偏大，即原来的火长侧变短了，而原来的火短侧变长了。

⑸ 链条炉的“卡火位”

“卡火位”就是在一定负荷下，使炉排燃烧区保持一定的长度，做到炉中既保持一定的红火，又不致出现跑火。

正确地“卡”住火位，运行人员就可以从容地适应负荷的变化。当负荷上升时，炉中留有余火，可以很快顶住汽压。当负荷下降时，火位上留有余地，又不致跑火。

火位应保持多长，这与负荷有很大关系。负荷低时，火位必须要求较短；负荷高时，火位一定要长。否则燃烧面积过小，蒸发量满足不了负荷要求。一般地，燃烧区长度占炉排有效长度的70%左右即可。

“火位”反映了进煤量与送风量的配合关系。

煤层厚度增加，火位拉长，炉排速度加大。火位拉长，送风加大，则火位缩短。因此，负荷增加时，增风又增煤，火位才能维持，如果只增风不增煤，火位将缩短，随着汽压也要下降。相反，负荷减少时，必须减风又减煤，如果不及时减煤，火位将拉长，甚至跑火。

由上所述，看火是对锅炉燃烧的直接监视，是十分重要的。运行人员必须勤看火，仔细观察，总结经验，掌握规律，善于处理火床燃烧的不正常现象，卡住“火位”，才能保证锅炉安全、经济地运行。

第7章　锅炉节能管理

7.1　管理机构及人员培训

7.1.1　管理机构人员配备

①总经理是公司节能降耗负责人。公司成立节能降耗领导小组，组长：公司总经理，副组长：节能部部长，成员：车间主任、工程技术人员。

②全体员工要认真贯彻国家工业锅炉效率限定值及能效评比等级标准，对照工业锅炉节能技术监管规程的要求，学习先进的锅炉节能降耗技术，采用先进的节能设备，改造锅炉及辅机设备，提高节能效率，使锅炉节能降耗达标。

③节能部生产管理科设专人负责能源消耗的计量、统计与考核及经济运行指导、检查等工作。燃料部设专人负责调查煤质锅炉燃烧情况。如果煤质影响锅炉燃烧，应及时更换煤种，以适应锅炉燃烧的要求。

④节能分部副部长负责能源消耗管理，(采暖期)运行期间设专人每日向节能部报送能源消耗定额报表，节能部审查后报公司总经理。

⑤节能分部、车间开展班组经济核算活动，班组设兼职核算员，班组能源消耗定额做到每日公布。

⑥节能分部定期召开节能降耗分析会议，分析节能情况，及

时找出影响节能的因素，采取果断措施及时解决，经常向节能部部长汇报节能分部节能降耗情况。

7.1.2　人员培训

工程技术人员负责培训。培训内容包括能源管理、锅炉经济燃烧的调整、提高锅炉热效率的方法等。提高能源管理人员的水平，提高司炉工经济运行调整的水平。

培训时间：每年(采暖前)进行一次，累计时间一星期，培训完毕后进行考试备案。

7.2　经济运行管理

①锅炉安装应符合设计要求，并符合 GB 50273《工业锅炉安装工程施工及验收规范》的要求。

②锅炉及其附属设备和热力管道的保温应符合 GB 4272《设备及管道保温技术通则》的要求。

③锅炉应使用设计燃料或与设计燃料相近的燃料。链条炉排用煤应符合 GB/T 18342《链条炉排锅炉用煤技术条件》的要求。

④锅炉运行时，应经常检查管道、仪表、阀门及保温状况，确保其完好、严密，及时消除跑、冒、滴、漏等情况。

⑤锅炉运行时，应经常检查锅炉本体及风、烟设备的密封性，发现泄漏要及时修理。锅炉受热面应定时清灰，保持清洁。

⑥在用锅炉宜配备能反映锅炉经济运行状态的仪器和仪表，并定期检查、校验。

⑦在用锅炉的经济技术指标应符合 GB/T 17954《工业锅炉经济运行》和 GB/T 18292《生活锅炉经济运行》的规定。

⑧锅炉的安装使用规定详见锅炉出厂时附带的《锅炉安装使用说明书》，并遵照执行。

7.3 锅炉用煤的管理

7.3.1 燃料的管理工作

①燃料进厂验收制度——进厂燃料按购货单据核对煤种、过秤、记录入账。

②燃料分区存放制度——按照进厂燃料的种类、价格及日期分区存放，标明燃料特点，当然，燃料的存放应该设有干煤棚(或煤库)。

③燃料消耗计量制度——每台锅炉和每个班组都要分别计量，耗煤有记录，班组有核算，做到“能耗有指标，单耗有比较”，便于开展节能评比。煤耗考核、节能评比活动是很有效果的，很多企业的实践都证明了这一点。

7.3.2 煤炭保管

煤是笨重商品，散装储运，淡储旺用，大多是露天保管，往往因自然条件的影响容易发生物理或化学的变化。尤其是易燃煤，即挥发分高的褐煤、烟煤、原煤，容易产生风化甚至自燃现象，妥善保管、防燃显得十分必要。

(1) 风化和自燃

煤的风化，实质是煤的氧化反应的结果。其现象是，露天保管的褐煤、烟煤，受热后挥发分逸出，不断氧化，煤表面褪色、生斑，有时表面出现一层碱状薄膜，煤质变脆、易裂，直到变质——含氧量增加，发热量降低。

煤的自燃是煤经风化、氧化后，条件适宜的，氧化激烈进行，大量放热不能及时散发，一旦达到燃点，就产生煤堆从里往外冒烟的现象。

⑵ 自燃的原因

促使煤堆自燃的原因较复杂，有各种条件的叠加，可归纳为以下几条：

①煤中挥发分及其他易燃成分与空气中的氧接触、反应，大量放热，这是自燃的内因；

②黄铁矿杂在煤中，它受湿后极易氧化放热，这是自燃的外因之一；

③碳化程度与氧化成反比，挥发分大的煤易氧化，水分大的煤易氧化，粒度小而均匀的煤难氧化，粒度大小不均的易氧化；

④气温高时，易燃煤容易自燃。

⑶ 煤的防燃

理论上，防燃应从两方面入手：一是减少易燃煤与空气的接触程度，二是对易燃煤堆及时降温。

根据我国煤炭的煤质，结合保管储存的经验，较为实用的主要防燃管理措施有如下几个方面。

①单独堆放。对易燃煤，不要将其与其他不易燃煤混堆。新来的煤，不与原有的旧煤堆垛，即便是同一种煤，也不要新旧混堆。堆垛上要用标牌注明品种、数量、进货日期，以利监测防燃。

②入库保管。为避免风吹、日晒、雨淋，有条件者可将易燃煤堆放入棚库，切忌棚顶漏雨。入库煤严禁混合不同煤种，入库后及时监测煤堆温度，谨防自燃引起火灾。

③露天压实。堆垛时，每250mm逐层压实，堆垛表面用黄土密封压实。

④堆垛形状合适。煤堆高度以不超过2m为宜，东西短些，南北长些，呈棱台状。

⑤堆垛地点。易燃煤区应在水泵房周围，煤堆放在地势较高的干燥处。烟道、蒸汽管道出口等热湿处不准堆煤。

⑥经常测温。煤堆接近75°时，要将煤及时用掉；已超过75°时，应及时灌水降温。

⑦灌水降温。对已经自燃的煤堆，灌水前要在棱台状堆顶周围挖砌墙垛，灌水时要做到“一严、二透、三收、四反复”。

一严：煤堆顶部挖成池状，灌水时严防冲开，冲毁垛形，冲走煤炭则劳而无功了。

二透：灌水一定要灌透，直到出水温度等于进水冷水温度为止。

三收：在出水处用网、箩、沉积坑等回收冲下的煤。

四反复：灌水半月至一个月内极易重复出现高热，最好在此期间前将煤用掉，否则必须重复灌水。

7.4 用电管理

7.4.1 锅炉房用电

锅炉房耗电设备主要是指蒸汽锅炉给水泵、热水锅炉循环泵、补水泵、鼓引风机、(生活补水泵)除渣上煤设备等。电费在供热成本费中居第二位。

7.4.2 如何实现锅炉运行节电

降低锅炉设备电耗的措施如下。

①蒸汽锅炉给水泵、热水锅炉循环泵、锅炉鼓引风机主要耗电设备由工频改为调频，设备采用变频启、停后，大大减小了对机械和电网电流的冲击，提高了设备启、停的安全性。采用设备变频技术以后，锅炉房节电明显比工频设备节电30%左右。变频智能控制精度高，给水泵供水压力误差能控制在0.01MPa以内。

②用工业汽轮机代替电动机拖动热水锅炉循环泵。

③加强用电设备的管理，严禁设备“大马拉小车”，部分设备能间断运行就间断运行，上节能设备，淘汰耗能大的设备，照明灯做到人走灯灭，消灭常明灯等。

④采用科学的管理，提高热网运行管理。衡量热网运行水平高低的指标是水力失调度：水力均衡，失调度为1；大于或小于1，不是能耗增大就是供暖温度低。现在有不少单位采用自力式流量平衡阀、手动调节阀进行调节，对节能节电效果较好。

⑤热网严禁大流量、小温差运行，这种运行方式不仅热损失没有减少，反而热源供热量和耗电量大幅度增加。

⑥制订合理的热网调节方式。目前供暖企业一般采用质调节，有些供暖企业采用质量调节，比较先进的是质的调节，既减少了流量又降低了耗电。

⑦锅炉配套风机应选择高效节能和低噪声的风机，风机的风量应根据锅炉的额定出力、燃料品种的燃烧方式和烟风系统的阻力计算确定。风量储备系数为1.10，风压储备系数为1.20。

⑧锅炉房设备布置应合理，减少管道、烟风道的长度及弯头数量，以减少阻力损失。

7.5 用水管理

7.5.1 锅炉房用水

锅炉房耗水设备主要是一次热网补充水、炉排细灰冲灰水、除尘器除尘脱硫水、设备冷却水、生活用水等。水的费用虽然占供暖成本较小，但冲渣水、除尘器除灰、脱硫水排放到下水道，会污染环境和危害人的身体健康。

7.5.2 如何实现锅炉房节水

①设备冷却水循环使用。

②利用灰渣水澄清池，使冲洗灰渣的废水重复利用。

③锅炉热网跑、冒、滴、漏管理，尤其是热网泄露耗的热量比耗水的费用高几倍，所以热网泄露不仅损失水，又耗热量和电量。

④加强生活用水管理，消灭常流水。

注：本章前述“采暖期”的概念是针对热水锅炉而言的，对于蒸汽锅炉常年运行时，时间以整年计算。

第 8 章　工业锅炉用水及排污、除垢

8.1 概　述

工业锅炉用水质量的好坏，直接影响其安全经济运行。为使锅炉的给水和锅水质量达到要求，要采用水处理措施以及通过排污来控制锅水的质量。

除了水处理外，锅炉的排污对锅水质量是否符合要求也有很大的影响。掌握正确的排污方法，对锅炉安全经济运行也有很大的影响。

锅炉水质不符合要求或者排污不及时，都会导致水垢的生成。锅炉结了水垢，会影响锅炉的安全经济运行（水垢的危害见第 3.2.2 节）。水垢达到一定厚度，必须及时清除，而如何清除水垢，也是司炉工应当了解的知识。

本章对工业锅炉用水及排污、除垢知识作简要介绍。

8.2 工业锅炉用水与天然水简介

8.2.1 工业锅炉用水分类

工业锅炉用水分为原水(源水)、给水、补给水、生产回水、软化水、锅水、排污水、冷却水、除盐水等。

(1) 原　水(源水)

又称生水，泛指未经任何处理的天然水。原水主要来自江河水、井水或城市自来水等。

(2) 给　水

直接进入锅炉，被锅炉蒸发或加热使用的水称为锅炉给水。给水通常由补给水和生产回水2部分混合而成。

(3) 补给水

锅炉在运行中由于取样、排污、漏泄等要损失掉一部分水，而且当生产回水被污染不能回收利用或无蒸汽回水时，都必须补充符合水质要求的水，这部分水叫补给水。补给水是锅炉给水中除去一定量的生产回水外，补充供给的那一部分。因为锅炉给水有一定的质量要求，所以补给水一般都要经过适当的处理。当锅炉没有生产回水时，补给水就等于给水。

(4) 生产回水

当蒸汽或热水的热能被利用之后，其凝结水或低温水应尽量回收，循环使用这部分水称为生产回水。提高给水中回水所占的比例，不仅可以改善水质，而且可以减少生产补给水的用量。

(5) 软化水

原水经过钠离子交换处理，使总硬度降低，达到一定的标准，这种水称为软化水，简称软水。

(6) 锅　水

正在运行的锅炉本体系统内留存或流动着的水称为锅炉水，简称锅水。

(7) 排污水

为了除去锅水中的杂质(过量的盐分、碱度等)和悬浮性水渣，以保证锅炉水质符合《工业锅炉水质》(GB 1576)标准的要求，就必须从锅炉的一定部位排放掉一部分锅水，这部分水称为排污水。

(8) 冷却水

锅炉运行中用于冷却锅炉某一附属设备(锅水或蒸汽取样器等)的水，称为冷却水。冷却水往往是生水。

(9) 除盐水

将水中阳离子和阴离子部分除去或全部除去的水，称为除盐水。

8.2.2　天然水简介

天然水按其来源可分为雨水、地表水和地下水 3 种。在这 3 种水中，一般而言，地下水水质是比较稳定的，受季节变化影响较小，但是水中的含盐量和硬度却比较大，经过处理之后可作锅炉给水。

天然水按照硬度可分为低硬度水(硬度在 1.0mmol/L 以下)、一般硬度水(硬度为 1.0 ~ 3.5mmol/L)、较高硬度水(硬度为 3.5 ~ 6.0mmol/L)、高硬度水(硬度为 6.0 ~ 9.0mmol/L)、极高硬度水(硬度为 9.0mmol/L 以上)。除按照硬度对天然水分类外，还可以按照含盐量、硬度与碱度的关系来对天然水进行分类。

天然水中含有悬浮物质、胶体物质、溶解物质等杂质。锅炉使用未经处理的天然水时，其中的溶解物质(钙、镁、钠、钾的碳酸氢盐、氯化物和硫酸盐等)会造成锅炉结垢，腐蚀和污染蒸汽品质或者产生汽水共腾，使锅炉金属过热变形、腐蚀穿孔，缩短锅炉使用寿命，浪费燃料，降低锅炉热效率，以致发生堵管、爆管等重大事故，影响锅炉的安全经济运行。

8.3 工业锅炉用水评价指标及水质标准

8.3.1 工业锅炉用水评价指标

工业锅炉用水评价指标一般分为悬浮固形物(XG)、含盐量、溶解固形物(RG)、电导率(DD)、硬度(YD)、碱度(JD)、pH 值(pH)、氯离子(Cl^-)、溶解氧(O_2)和相对碱度等 10 项指标，各指标简介如下。

(1) 悬浮固形物(XG)

悬浮固形物是表征水中颗粒较大一类杂质的指标，其单位为 mg/L。

(2) 含盐量

含盐量是表示水中溶解盐类的总和，其单位为 mg/L。常用溶解固形物(或蒸发残渣)近似表示。

(3) 溶解固形物(RG)

溶解固形物是水经过过滤后，那些仍溶于水中的各种无机盐类、有机物等，其单位为 mg/L。在不严格的情况下，当水比较纯净时，水中的有机物含量比较少，有时也用溶解固形物来近似地表示水中的含盐量。

(4) 电导率(DD)

电导率是表示水中导电能力大小的指标，其单位为 s/m 或 μs/cm。电导率在一定程度上反映了水中含盐量的多少，是水纯净程度的一个重要指标。水越纯净，含盐量越少，电导率越小。

(5) 硬　度(YD)

硬度是表示水中钙、镁离子的总含量，其表示单位为mmol/L。

硬度按水中阳、阴离子存在情况可分为碳酸盐硬度(暂时硬度)、非碳酸盐硬度(永久硬度)和负硬度。

①碳酸盐硬度。是指水中钙、镁的重碳酸盐，即重碳酸钙 $Ca(HCO_3)_2$ 和重碳酸镁 $Mg(HCO_3)_2$ 的含量。此类盐在加热过程中就从溶液中析出而产生沉淀，所以也叫暂时硬度。

②非碳酸盐硬度。指水中钙、镁的硫酸盐、氯化物及硅酸盐等的含量。由于这些盐类加热后也不能析出沉淀，其性质比较稳定，所以又称为永久硬度。

③负硬度。负硬度是指水中的重碳酸钠($NaHCO_3$)和重碳酸钾($KHCO_3$)的总含量。

(6) 碱　度 (JD)

碱度是表示水中能接受氢离子的物质的量，单位为mmol/L。锅水中的碱度主要以 OH^- 和 CO_3^{2-} 的形式存在。

(7) pH 值(pH)

这是表示水的酸碱性的指标，pH 值越大碱性越强，pH 值越小酸性越强，pH=7 时为中性。锅炉的给水或锅水对 pH 值都有一定的要求，因为它直接影响着锅炉结垢和腐蚀的速度。

(8) 氯离子(Cl^-)

氯离子也称氯根，是常见的一项水质指标，氯离子的单位以mg/L 表示。水中氯离子含量越低越好，含量高时则会腐蚀锅炉，易引起汽水共腾。由于氯化物的溶解度很大，不易析出，容易检测，所以常以锅水中氯离子的变化间接表示锅水中含盐量的变化。另外，锅水中的氯离子含量和给水中氯离子含量的比值，常被用来衡量锅水浓缩倍数和指导排污。

(9) 溶解氧(O_2)

天然水中的氧主要来源于大气，溶解在水中的氧气，简称为溶解氧，单位为mg/L。水中溶解氧的含量主要与水温及气压有关，如在0.1MPa压力下，20℃时，O_2的含量为9.1mg/L；而80℃时，O_2的含量为2.9mg/L。

(10) 相对碱度

相对碱度表示锅水中游离的NaOH的含量与溶解固形物的比值，单位为mg/L。控制相对碱度是为了防止锅炉发生苛性脆化腐蚀。

8.3.2 工业锅炉水质标准

GB 1576—2001《工业锅炉水质》规定了工业锅炉运行时的水质要求。该标准适用于额定出口蒸汽压力不大于2.5MPa，以水为介质的固定式蒸汽锅炉和汽水两用锅炉，也适用于以水为介质的固定式承压热水锅炉和常压热水锅炉。

GB 1576—2001《工业锅炉水质》对蒸汽锅炉和汽水两用锅炉、承压热水锅炉、直流(贯流)锅炉和余热锅炉及电热锅炉的给水、锅水指标和水处理方式作出了如下规定。

①蒸汽锅炉和汽水两用锅炉的给水一般应采用锅外化学水处理，水质应符合表8-1的规定。

②额定蒸发量不大于2t/h，且额定蒸汽压力不大于1.0MPa的蒸汽锅炉和汽水两用锅炉(如对汽、水品质无特殊要求)，也可采用锅内加药处理。但必须对锅炉结垢、腐蚀和水质加强监督，认真做好加药、排污和清洗工作，其水质应符合表8-2的规定。

表 8–1　　蒸汽锅炉和汽水两用锅炉水质要求（1）

项　目		给　水			锅　水		
额定蒸汽压力 /MPa		≤1.0	≥1.0 ≤1.6	≥1.6 ≤2.5	≤1.0	≥1.0 ≤1.6	≥1.6 ≤2.5
悬浮物 /(mg/L)①		≤5	≤5	≤5	—	—	—
总硬度 /(mmol/L)①		≤0.03	≤0.03	≤0.03	—	—	—
总碱度 /mmol/L②	无过热器				6~26	6~24	6~16
	有过热器					≤14	≤12
pH(25℃)		≥7	≥7	≥7	10~12	10~12	10~12
溶解氧 /(mg/L) ③		≤0.1	≤0.1	≤0.05	—	—	—
溶解固形物 /(mg/L)④	无过热器	—	—	—	<4000	<3500	<3000
	有过热器	—	—	—		<3000	<2500
SO_3^{2-} /(mg/L)		—	—	—	—	10 ~ 30	10 ~ 30
PO_4^{3-} /(mg/L)		—	—	—	—	10 ~ 30	10 ~ 30
相对碱度⑤	游离 NaOH / 溶解固形物	—	—	—	—	<0.2	<0.2
含油量 /(mg/L)		≤2	≤2	≤2	—	—	—
含铁量 /(mg/L) ⑥		≤0.3	≤0.3	≤0.3	—	—	—

注：①硬度的基本单元为 $c(1/2Ca^{2+}, 1/2Mg^{2+})$，下同。

②碱度 mmol/L 的基本单元为 c (OH^-，$1/2CO_3^{2-}$，HCO_3^{2-})，下同。对蒸汽品质要求不高且不带过热器的锅炉，使用单位在报当地锅炉压力容器安全监察机构同意后，碱度指标上限可适当放宽。

③当额定蒸发量不小于 6t/h 时应除氧，额定蒸发量不大于 6t/h 的锅炉如发现局部腐蚀时，给水采取除氧措施。对于供汽轮机用的锅炉给水含氧量应不大于 0.05mg/L。

④如果测定溶解固形物有困难时，可采用测定电导率或氯离子

(Cl^-)的方法来间接控制，但溶解固形物与电导率或氯离子(Cl^-)的比值关系应根据实验确定，并应定期复试和修正此比例关系。

⑤全焊接结构的锅炉相对碱度可不控制。

⑥仅限燃油、燃气锅炉。

表 8–2　　蒸汽锅炉和汽水两用锅炉水质要求（2）

项　目	给　水	锅　水
悬浮物 /(mg/L)	≤20	—
总硬度 /(mmol/L)	≤4	—
总碱度 /(mmol/L)	—	8 ~ 26
pH 值(25℃)	≥7	10 ~ 12
溶解固形物 /(mg/L)	—	≤5000

注：本表仅适用于额定蒸发量不大于 2t/h，且额定蒸汽压力不大于 1.0MPa 的蒸汽锅炉和汽水两用锅炉。

③承压热水锅炉给水应进行锅外水处理，对于额定功率不大于 4.2MW 非管架式承压的热水锅炉，可采用锅内加药处理。但必须对锅炉结垢、腐蚀和水质加强监督，认真做好加药工作，其水质应符合表 8–3 的规定。

表 8–3　　承压热水锅炉水质要求

项　目	锅内加药		锅外化学处理	
	给水	锅水	给水	锅水
悬浮物 /(mg/L)	≤20	—	≤5	—
总硬度 /(mmol/L)	≤6	—	≤0.6	—
pH 值(25℃)①	≥7	10 ~ 12	≥7	10 ~ 12
溶解氧 /(mg/L)②	—		≤0.1	
含油量 /(mg/L)	≤2	—	≤2	—

注：①通过补加药剂使锅水 pH 值控制在 10~12。

②额定功率不小于 4.2MW 承压的热水锅炉给水应除氧，额定功率小于 4.2MW 的承压热水锅炉和常压热水锅炉给水应尽量除氧。

④直流(贯流)锅炉应采用锅外化学水处理，其水质按表 8–1 中额定蒸汽压力不小于 1.6MPa、不大于 2.5MPa 的标准执行。

⑤余热锅炉及电热锅炉的水质指标应符合同类型、同参数锅炉的要求。

8.4　工业锅炉水处理

锅炉水处理方法主要包括锅外水处理、锅内水处理和给水除氧 3 大类，而每类方法又有很多种方法。对锅炉水处理方法的选择，要因炉、因水、因地制宜，才能实现既经济又解决问题的目的。

8.4.1　锅外水处理

锅外水处理是指对进入锅炉之前的锅炉用水(包括补充水和回水)所进行的各种处理。锅外水处理主要包括预处理、软化处理、降碱处理和除盐处理等几种处理方法。

(1) 预处理

预处理的目的是除去天然水中的悬浮物和胶体状杂质，主要方法是进行过滤和沉淀。过滤和沉淀可在专门的沉淀池和过滤器内进行。

地下水和城市自来水一般不进行预处理，而地表水作锅炉原水时则应进行预处理。

(2) 软化处理

软化就是降低或消除水中的硬度，工业锅炉给水的软化常用钠离子交换法。在钠离子交换过程中，交换与被交换的离子均为阳离子。离子交换树脂参加交换反应中的阳离子是钠离子(Na^+)时，则此离子交换树脂为钠型离子交换树脂。钠型阳离子交换树脂与水中钙、镁离子进行交换时，树脂上的钠离子(Na^+)进入水中，这种用钠离子取代水中钙、镁离子的过程被称为钠离子软化交换法。

(3) 除碱处理

有部分锅炉在运行中往往会出现这种现象：锅水中的溶解固形物还没有达到国家水质标准的要求，而此时锅水中的碱度早已超过了国家水质标准的要求。为了使锅水碱度维持在标准范围内，各单位往往采取加大排污的方法，这样不仅浪费了大量的水，同时浪费了大量能源，严重降低了锅炉运行的经济性。锅炉给水的除碱就是使锅水中的溶解固形物和碱度同时达到国家水质标准，这样不但节省了大量锅水和能源，而且大大减轻了司炉人员的劳动强度。

锅炉给水除碱的方法很多，可采用锅内加药，向运行锅内加磷酸二氢钠、磷酸氢二钠、草酸、磷酸等；也可采用锅外水处理法(常用部分钠离子交换法、氢钠离子交换法、阳阴离子交换法、电渗析脱碱方法)。

(4) 除盐处理

水的软化处理仅仅是除掉水中的钙、镁离子，但是不能有效地降低含盐量。电站锅炉用水还要进行水的除盐处理，目的是除掉水中溶解的盐类。

8.4.2 锅内水处理

锅内水处理是通过向锅炉内投入一定数量的软水剂，使锅炉给水中的结垢物质转变成泥垢，然后通过排污将泥垢从锅内排出，从而达到减缓或防止水垢结生的目的。这种水处理主要是在锅炉内部进行的，故称为锅内水处理。

(1) 锅内水处理的特点

锅内水处理有以下特点。

①锅内水处理不需要复杂的设备，因此投资小，成本低，操作方便。

②锅内加药处理法是最基本的水处理方法，又是锅外化学水处理的继续和补充。经过锅外水处理以后还可能有残余硬度，为了防止锅炉结垢与腐蚀，仍需加一定的水处理药剂。

③锅内水处理还不能完全防止锅炉结生水垢，特别是生成的泥垢，在排污不及时的情况下，很容易结生二次水垢。

④锅内加药处理法对环境没有什么污染，它不像离子交换等水处理法，处理掉天然水多少杂质，再生后还排出多少杂质，而且还排出大量剩余的再生剂和再生后产物；而锅内加药处理方法是将水中的主要杂质变成不溶性的泥垢，对自然不会造成污染。

⑤锅内加药处理法使用的配方需与给水水质匹配，给水硬度过高时，将形成大量水渣，加快传热面结垢速度，因而一般不适用于高硬度水质。

(2) 锅内水处理常用药剂配方

①纯碱法。此法主要向锅内投用纯碱(Na_2CO_3)，Na_2CO_3 在一定压力下，虽然能分解成部分 NaOH，但对于成分复杂的给水，此法处理效果并不令人满意。

②纯碱－栲胶法。由于纯碱和栲胶的协同效率，要比单用纯碱效果好。

③纯碱－腐植酸钠法。此法又要比纯碱－栲胶法效果好，主要是腐植酸钠的水处理效果要比栲胶优越的缘故。

④“三钠一胶”法。“三钠一胶”指的是碳酸钠、氢氧化

钠、磷酸三钠和栲胶。此种方法在我国铁路系统有一套完整的理论和使用方法，管理得好，防垢率可达80%以上。

⑤“四钠”法。“四钠”指的是碳酸钠、氢氧化钠、磷酸三钠和腐植酸钠。此法处理效果优于“三钠一胶”法，对各种水质都有良好的适应性。

⑥有机聚磷酸盐、有机聚羧酸盐和纯碱法。此法是近几年才发展起来的阻垢剂配方，效果比较理想。

⑦有机聚磷酸盐、有机聚羟酸盐、腐植酸钠和纯碱法。在该阻垢剂配方中，纯碱不但其本身具有良好的防垢作用，而且还为有机聚磷酸盐和有机聚羧酸盐提供了阻垢条件，腐植酸钠又是很好的泥垢调解剂，所以效果比上述配方就更为理想。

(3) 锅内水处理常用药剂用量

水处理药剂的用量一般需要根据原水的硬度、碱度和锅水维持的碱度或药剂浓度及锅炉排污率大小等来确定。通常无机药剂可按化学反应物质的量进行计算，而有机药剂(如栲胶、腐植酸钠、磷酸盐或羧酸盐等水质稳定剂)则大多按实验数据或经验用量进行加药。

计算所得的加药量仅为理论计算值，实际运行时，由于各种因素(如锅炉负荷、实际排污率的大小等)的影响，加药后锅水的实际碱度有时与欲控制的碱度会有一定差别，这时应根据实际情况，适当调解加药量和锅炉排污量，使锅水指标达到国家标准。

(4) 加药方式与操作

①加药方式。将药剂放在耐腐蚀的容器内，用50～60℃的温水溶解成糊状，再加水稀释至一定浓度后过滤弃去杂质，然后按照锅炉给水量和规定的加药量均匀地加入锅内。

将药剂加入锅炉内主要有 3 种方法，即利用注水器加药、水箱加药和压力式加药。其中，利用注水器加药和水箱加药是间断加药的方法，而压力式加药是连续加药的方法，压力式加药方法优于间断加药方法。

水箱加药装置见图 8–1。压力式加药装置见图 8–2。

②加药注意事项如下。

a. 为了使药性充分发挥作用，向炉内加药要均匀，每班可分为二、三次进行，避免一次性加药，更不要在锅炉排污前加药。加药装置最好设在给水设备之前，以免承受给水设备出口的压力。但加药装置必须符合受压部件的有关要求。

b. 加药后，锅水 pH 值要保持在 10 ~ 12 范围内，碱度要尽量保持在 10 ~ 20mmol/L。

c. 凡是通过给水往锅内加药时，只能在无省煤器或者省煤器出口给水的温度不超过 70 ~ 80℃时采用。对省煤器出口温度超过 70 ~ 80℃的锅炉，药剂应直接加入锅筒或省煤器出口的给水管道中，以防止水在省煤器中受热后结垢。

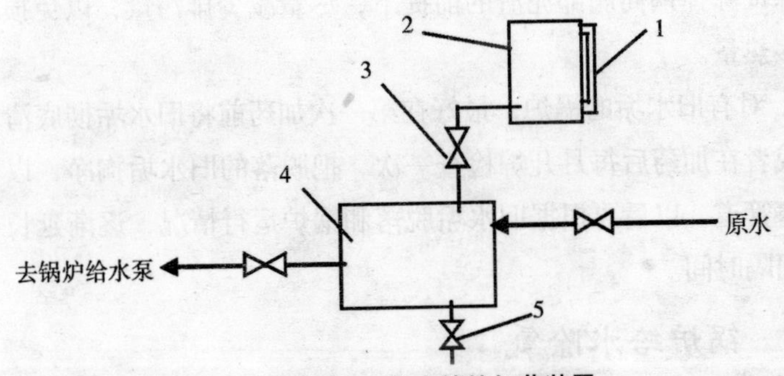

图 8–1　存水箱的加药装置

1—液位计；2—药液计量箱；3—药液控制阀；4—存水箱；5—放水阀

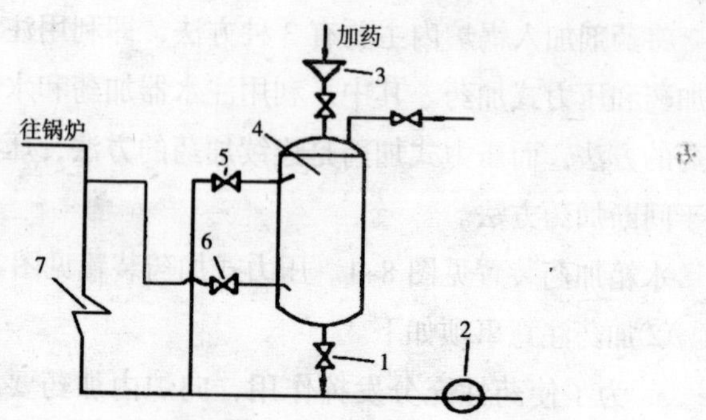

图 8–2　压力加药装置

1—放水阀；2—水泵；3—加药漏斗；4—压力式加药器；
5，6—进药液阀；7—省煤器

d. 在初次加药后，锅炉升压时，如果发现泡沫较多，可以通过少量排污来减少，待正常供气后，泡沫就会逐渐消失。

e. 锅炉不要经常处于高水位运行，防止蒸汽带水时夹带药液。

f. 严格执行排污制度，坚持每个班都排污，防止大量水渣沉积，生成二次水垢。排污量的控制要掌握既经济又合理的原则，即在保证除掉锅筒底部泥渣的前提下，尽量减少排污量，以免损失过多热量。

g. 对有旧水垢的锅炉，最好在第一次加药前将旧水垢彻底清除，或者在加药后每月开炉检查一次，把脱落的旧水垢掏净，以免堵塞管道。以后再根据旧水垢脱落和锅炉运行情况，逐渐延长检查间隔时间。

8.4.3　锅炉给水除氧

锅炉给水除氧也属于锅炉水处理的范畴，其解决的问题是防止锅炉发生化学腐蚀和电化学腐蚀。

蒸汽锅炉：当锅炉额定蒸发量不小于 6t/h 时应除氧，额定蒸发量小于 6t/h 的锅炉如发现局部腐蚀时，应采取除氧措施。

热水锅炉：锅炉额定功率不小于 4.2MW 时，热水锅炉给水应除氧，额定功率小于 4.2MW 的热水锅炉给水应尽量除氧。

常用的除氧方法有化学除氧、真空除氧和热力除氧。但由于除氧方法选择不当或未采取任何除氧措施，锅炉给水中的氧和二氧化碳随着水的流程逐渐与金属发生反应，因而省煤器最容易发生腐蚀，其次是给水管道和锅筒水位线附近，其腐蚀速度相当快。多数蒸汽锅炉采用热力除氧，少数采用化学除氧和真空除氧。热力除氧不适用于热水锅炉。

8.5　锅炉排污

8.5.1　排污的目的

排污是利用锅炉的排污装置，排出锅内杂质含量较高的锅水和沉积的泥垢的操作过程。

输入锅内的给水，不可避免地含有一些杂质。蒸汽锅炉运行时，不断地将水转化为蒸汽向外输出，而蒸汽中几乎不含杂质。随着锅水的不断蒸发，锅水中的杂质浓度也不断增大，当达到一定程度时，会给锅炉带来不利的影响。无论是蒸汽锅炉还是热水锅炉，锅水中的悬浮固形物会沉积在锅的底部，运行时间越长，其沉积量会越大，这也会给锅炉带来不利的影响。为了降低锅水中的杂质含量和及时清除沉积物，需要进行排污。

排污能够降低锅水中杂质含量的原因是：通过排放一部分污

水，而补充等量的杂质较少的给水后，降低了排污后锅水中的杂质含量。排污能够排掉泥垢的原因是：泥垢沉积在锅筒、集箱等的底部，而装置在锅筒、集箱下部的排污装置开启后，这些泥垢就随着锅底部的水被排出锅外。

为了防止锅水中的杂质过多造成不利影响，人们对锅炉的给水指标和锅水做出了各类杂质浓度的限制。即使给水的各项指标是符合要求的，如果不排污，锅水中的杂质浓度也会逐渐增加，而最终造成杂质含量过高而导致不利影响。

不排污或者少排污，会造成管子结垢、锅筒鼓包、管子堵塞、汽水共腾等问题，而管子结垢、管子堵塞还会降低热效率，造成能耗的增加。但是如果过量排污，则大量的热能被排污水携带排出锅炉，直接造成热损失，降低热效率，同时还会造成锅炉缺水、水循环故障等问题。

8.5.2　排污类别

蒸汽锅炉的排污，分连续排污和定期排污2种。

(1) 连续排污

连续排污也叫表面排污，即从锅炉上锅筒液面附近连续不断地排放污水及漂浮性杂质，以降低锅水中的碱度和含盐量。连续排污通过布置在锅筒内的连续排污装置进行。生产过热蒸汽的锅炉，一般均应装设连续排污装置。

(2) 定期排污

定期排污也叫底部排污，即定期从锅筒及水冷壁下集箱下部排放污水及水渣、泥垢，以降低水中的泥沙等沉淀物含量及含盐量。定期排污通过安装在锅筒及水冷壁下集箱下部的排污装置进行。蒸汽锅炉和热水锅炉都需要进行定期排污。

8.5.3　排污量的计算与控制

(1) 蒸汽锅炉排污量的计算

锅炉排污量的大小通常以排污率表示。排污率就是单位时间内的排污水量占锅炉蒸发量的百分数，即

$$p=\frac{D_r}{D}\times 100\%$$

式中　p——锅炉排污率，%；

D——锅炉蒸发量，t/h；

D_r——单位时间内的锅炉排污水量，t/h。

排污量的大小，以保持锅水符合水质标准的规定为原则。一般以控制锅水含盐量(即溶解固形物)来进行计算。如以 A 表示水质标准允许的锅水(排污时的锅水)最高含盐量，α 为给水含盐量，则有

$$p=\frac{\alpha}{A-\alpha}\times 100\%$$

上式是根据给水及锅水含盐量算出的排污率。需要时，还可以根据给水碱度及锅水允许的最高碱度算得排污率。根据含盐量和碱度计算的排污率结果往往是不同的，锅炉采用的排污率应是其中最大的一个。

锅炉排污，必然要损失一部分热能和水量，因此在保证锅水和蒸汽品质的前提下，应尽量减小锅炉的排污率。对小型锅炉而言，排污率通常控制在 5%～10%。

如果不计量蒸发量，而只计量给水量，也可以根据排污水量占给水量的百分比定义排污率 p'，即

$$p'=\frac{D_p}{D_g}\times 100\%$$

式中　D_p——排污水量，t/h；

D_g——锅炉给水量，t/h。

由于 D_g 等于锅炉蒸发量和排污水量之和，所以 p' 要比 p 小一些，一般应控制在 4.76%～9.09%。

热水锅炉的排污量难以用计算确定。

(2) 锅炉过量排污对燃料的浪费

锅炉排污消耗的燃料可以用下式计算：

$$p_1=\frac{p\cdot u\cdot j'}{Q_H^p}$$

式中　p_1——由于排污造成的热量损失，%；

p——排污率，%；

j'——在一定压力下，锅炉水的热焓，kJ/kg，如表 8–4；

表 8–4　常用压力下锅炉水的热焓

锅炉压力 /MPa	锅炉水热焓 /(kJ/kg)	干度为 0.98 时饱和蒸汽的热焓 /(kJ/kg)
1.0	775.3	2736.7
1.1	793.7	2740.9
1.2	809.6	2744.2
1.3	825.1	2746.7
1.4	839.3	2748.8
1.5	846.4	2750.1

u——燃料的蒸发能力，kg/kg，即每千克燃料产生饱和蒸汽的千克数；

Q_H^p——标准煤的低位发热量，一般按照 29270kJ/kg 计算。

例　工作压力为 1.0MPa 的锅炉，如不适当地多排污 1%，则浪费的燃料为多少?

解　因为：$p=1\%$，$j'=775.3$kJ/kg，$u=\frac{29270}{2736.7}=10.7$，$Q_H^p=29270$kJ/kg，所以

$$p_1=\frac{1\%\times775.3\times10.7}{29270}=0.28\%$$

答：该锅炉每多排污 1%，就会浪费燃料 0.28%。

(3) 排污量的控制方法

排污量不足，会导致水垢的结生，结生水垢后会影响传热，浪费能源，还会对安全产生不利影响。排污量过大，会造成热量的直接浪费。随着能源价格的上升，合理控制排污量以节省能源越来越引起人们的重视。排污量通常采用以下方法控制。

①根据水质化验结果进行计算，得出所需排污量。

②采用对从锅炉排出的污水进行计量的方法，控制排污量。

③采用水位估算法控制排污量，即对安装有直读水位表的小型锅炉，可通过监视水位表，根据排污时的水位降低值估算实际排污水量。该方法要求能将水位的降低数值换算成排污水量。

④排污时间估算法，即根据排污阀的口径估算单位时间排放的污水量，进而可算出要达到所要求的排污量所需的排污时间。

8.5.4　排污工作要点

(1) 进行排污的时期及次数

进行定期排污的时期和次数均应当依照锅炉的运行状态和给水性质及其数量等其他条件来确定。无论如何，每当锅炉运行 8～10h 后至少要进行一次排污。在最差的情况下，也必须每日

进行一次。对何时排污，也要进行选择。比如对于每天早上开始运行到黄昏为止的锅炉，也即夜里停止运行的锅炉，最好是在早上运转之前也即进入燃烧操作之前，锅内杂质沉淀于锅筒底部的时刻进行排污。如必须在锅炉运转时进行排污，则宜选择在负荷尽量低的时刻进行排污。此外，在锅炉于24h内连续运转的情况下，最好能够选择刚结束低负荷和锅水循环处于缓慢而尽量平静状态下以致杂质容易沉淀的时刻来进行排污，也就是说，在负荷较低期间并且在增大负荷之前是最为理想的排污时刻。在使用锅炉期间之所以选择低负荷时刻进行排污操作，一是由于此时的危险性和困难程度都是最少的，二是可提高排污效果。

尽管选择了适当的时刻进行排污，也还不可能把沉淀于锅筒底部的所有杂质一次全部排除出去。所排出的沉淀物只是在离排污孔附近直径300~600mm范围内的东西，因此进行一次大量锅水排污是不经济的。为此，应当在一次排污时间仅数秒内只把少量锅水排放出去，随后仍使锅炉照原样继续运转2h左右，以可把沉淀的淤渣集结于排污孔附近。如果重复操作这种短时间排污，便能将淤渣等有效地排放出去。此外，除了排走上述沉淀物之外，这样做还可以搅动炉水和淤渣等沉淀物，便可防止在燃烧时锅筒底部出现沉淀物烧结现象以及由此引起的受热面过热现象。

(2) 排污的操作

①计算好所需的排污量，选择好排污时间。

②排污时要监视水位的变化情况，切勿使水位降低到低于安全水位的位置，如果从排污地点看不到水位表，应在能看到水位表的地方配备一名工作人员协助进行。

③排污方法应有利于泥渣的排除而又不损害排污阀。对于装有两个排污阀的排污装置，排污时，先开快开阀，然后逐渐开启慢开阀；关闭时则相反，先关慢开阀，再关闭快开阀。为了提高排污效果，最好是间歇排放污水。即在打开快开阀后，缓慢开启慢开阀，排放部分污水后再关闭慢开阀，稍作停顿，再慢慢打开慢开阀……如此循环操作数次，完成整个排污过程，最后依次关闭慢开阀及快开阀。

④一台锅炉装有多个定期排污装置时，都应依次进行排污，但不可同时打开几处排污装置。排污的总量应与计算要求的排污量相符。

⑤排污时要控制好排污量，可能时，应当对排污水量进行计量，或者根据水位估算法、排污时间估算法进行排污量的合理控制，以避免锅炉热量的损失。

8.6 水　垢

给水中携带的杂质进入锅炉后，随着水温不断地升高而蒸发浓缩在锅内受热面水侧金属表面上生成的固体附着物称为水垢。

8.6.1 水垢的生成原因

水垢的生成是极其复杂的物理－化学变化过程，其主要原因有以下几个方面。

①受热分解。含有暂时硬度的水进入锅炉后，在加热过程中，一些钙、镁盐类受热分解，从溶于水中的物质转变成难溶于水的物质，附着于锅炉金属表面上结为水垢。

②某些盐类超过了其溶解度。由于锅水的不断蒸发和浓缩，

水中的溶解盐类含量不断增加，当某些盐类达到过饱和时，盐类在蒸发面上析出固相，结生水垢。

③溶解度下降。随着锅水温度的升高，锅水中某些盐类溶解度下降，如 $CaSO_4$ 在 0℃时的溶解度为 0.756g，而在 100℃时却降为 0.162g 等。

④相互反应。给水中原溶解度较大的盐类和锅水中其他盐类、碱反应后，生成难溶于水的化合物，从而结生水垢。

⑤水渣转化。当锅内水渣过多而且又黏时，如 $Mg(OH)_2$ 和 $Mg_3(PO_4)_2$ 等，如果排污不及时，很容易由泥渣转化为水垢。

8.6.2 水垢的种类和鉴别

(1) 水垢的分类

由于锅炉用水的组成和性质不同，水垢结生的具体条件差别很大，所以水垢的组成十分复杂，一般常见的有如下几种。

①碳酸盐水垢：是以钙、镁的碳酸盐为主要成分的水垢，包括氢氧化镁，其中 $CaCO_3$ 含量＞50%。

②硫酸盐水垢：是以硫酸钙为主要成分的水垢，其中 $CaSO_4$ 含量＞50%。

③硅酸盐水垢：当水垢中的 SiO_2 含量＞20%时，属于这类水垢。

④混合水垢：这种水垢有 2 种组成形式：一种是钙、镁的碳酸盐、硫酸盐、硅酸盐以及氧化铁等组成的混合物，难以分出哪一种是主要成分；另一种是各种水垢以夹层的形式组成为一体，所以也很难指出哪一种成分是主要的。

⑤油垢：含油水垢色黑，一般含油在 5%以上。

⑥水渣：水渣是在锅水中富有流动性的固形物。它的组成比较复杂，水渣比较疏散、非粘结性的，但在锅水内含量高时，若不及时排出，很容易黏附在锅炉受热面上，结生成坚硬的、非流动性的二次水垢。

⑦氧化铁垢：是 FeO＞70%的水垢。

⑧钙镁垢：是 CaO＞30%的水垢。

(2) 水垢类别的鉴别方法

水垢类别的鉴别方法见表 8－5。

表 8－5　水垢类别的鉴别方法

水垢类别	颜　色	鉴别方法
碳酸盐水垢 $CaCO_3$+$Mg(OH)_2$ 占 50%以上	白色或黄白色	在 5%盐酸溶液中，大部分可溶解，反应生成大量气泡，反应结束后，溶液中不溶物很少
硫酸盐水垢 $CaSO_4$+$MgSO_4$ 占 50% 以上	黄白色或白色	在盐酸溶液中很少产生气泡，溶解很少，加入 10%氯化钡溶液后，生成大量的白色沉淀物(硫酸钡)
硅酸盐水垢 SiO_2 占 20%以上	灰白色或灰褐色	在盐酸中不溶解，加热后其他成分部分地缓慢溶解，有透明状，砂粒沉积，而加入 1%氢氟酸或氟化钠可有效溶解
铁垢以铁氧化合物为主，杂有其他盐类	灰黑色或砖红色	加稀盐酸可溶解，溶液呈黄色
油垢(含油 5%以上)	黑色	将垢样研碎，加入乙醚后，溶液呈黄绿色

8.6.3　水垢的危害

(1) 浪费燃料，降低锅炉的热效率

水垢的导热性一般都很差。不同的水垢因其化学组成不同、内部孔隙不同、水垢内各层次结构不同等原因，导热性也各不相同。各种水垢的导热系数如表8–6所示。水垢的导热系数大约仅为钢材板的导热系数的1/10 ~ 1/100。这就是说，假设有0.1mm厚的水垢附着在金属壁上，其热阻相当于加厚了几毫米到几十毫米。水垢的导热系数很低是水垢危害大的主要原因。

表8–6　钢和各种水垢的平均导热系数

名　称	导热系数 λ/(W/(m·℃))
钢　　材	46.40 ~ 69.6
氧化铁垢	0.116 ~ 0.230
硅酸钙垢	0.058 ~ 0.232
硫酸钙垢	0.58 ~ 2.90
碳酸钙垢	0.58 ~ 6.96

因此，锅炉结有水垢时，锅炉受热面的传热性能变差，燃料燃烧所放出的热量不能很快地传递到锅炉水中，大量的热量被烟气带走，造成排烟温度升高，排烟热损失增加，锅炉的热效率降低。在这种情况下，为保证锅炉的参数，就必须投加更多的燃料，提高炉膛的温度和烟气温度，因此造成燃料浪费。据估算，锅炉受热面上结有1mm厚的水垢，浪费燃料约3% ~ 5%。

(2) 降低锅炉出力

锅炉结垢后，由于传热性变差，要达到锅炉额定蒸发量或额定产热量，就需要多消耗燃料。但随着结垢厚度的增加，以及炉膛容积的炉排面积是一定的，燃料消耗受到限制，因此锅炉的出力就会降低。

(3) 对安全和使用寿命方面的影响

①结垢会导致锅炉受热面温度过高而破坏，从而影响锅炉安全运行。

②水垢还会导致垢下金属腐蚀。

③影响锅炉使用寿命。

8.6.4 水垢的清除方法

在工业锅炉的运行中，由于水处理方式选择不当、锅炉给水标准控制不严或没有进行锅炉水处理等原因，以致锅炉结垢的现象仍十分普遍。因此在抓好水质管理的同时，还应及时、合理地清除已在锅炉受热面上结生的水垢，做到“以防为主，积极除垢”，保证锅炉处于无垢或薄垢状态下运行，确保锅炉安全经济运行。

水垢清除的方法主要有酸洗除垢法、碱煮法、人工除垢和机械除垢。

(1) 酸洗除垢法

由于锅炉结构的原因，一些锅炉很难进行机械除垢，而碱煮除垢往往达不到预期的除垢效果，酸洗除垢法是目前比较经济、有效、简便、迅速的除垢方法。

①锅炉酸洗的条件。工业锅炉停用酸洗除垢时，锅炉清洗间隔时间不宜少于 2 年，且满足下列条件之一时，方可进行酸洗。

a. 锅炉受热面被水垢覆盖 80%以上，且平均水垢厚度达到或超过下列数值：

对于无过热器的锅炉：1mm；

对于有过热器的锅炉：0.5mm；

对于热水锅炉：1mm。

b. 锅炉受热面有严重的锈蚀。

②酸洗除垢的基本原理。酸洗除垢所使用的酸洗液，目前绝大多数酸洗单位采用盐酸加缓蚀剂组成。酸洗除垢的作用原理有4个方面。一是溶解作用，盐酸与水垢中的钙、镁的碳酸盐及氢氧化物作用，生成易溶性的氯化物，从而使这类水垢溶解。二是剥离作用，盐酸通过水垢的孔隙渗入其内部，将金属表面与水垢之间的氧化物溶解，从而使水垢与附着的金属表面分离，剥离下来。三是疏松作用，对于含有硅酸盐的混合水垢，虽然它们不能与盐酸反应而溶解，但当掺杂在水垢中的碳酸盐和铁的氧化物溶解在盐酸溶液中后，残留的水垢就变得疏松，在流动酸洗的情况下，它们很容易被冲刷下来。四是气掀作用，盐酸与碳酸盐水垢作用所产生的大量二氧化碳，在逸出过程中，对于难溶解或溶解速度较慢的垢层，具有一定的掀动力，使之从管壁上脱落下来。水垢中碳酸盐成分越多，在酸洗时这种气掀作用越强烈。

(2) 碱煮法

由于碱煮除垢法通常用做酸洗除垢和机械除垢的预处理，又由于碱洗除垢效果差、煮炉时间长、药剂耗量大，因此单独用碱煮除垢的很少。

碱煮除垢的时间，一般在24h或更长一点时间。碱煮法药剂用量可参考表8-7。

表 8–7　碱煮液配方

碱煮目的	组成及名称	加药量 /(kg/m³)
新锅炉碱煮	NaOH $Na_3PO_4\cdot12H_2O$	2 ~ 4 2 ~ 3
	NaOH Na_2CO_3	1 ~ 3 4 ~ 6
酸洗前去除油脂污物、疏松水渣或铁锈	NaOH $Na_3PO_4\cdot12H_2O$	3 ~ 5 3 ~ 5
	NaOH Na_2CO_3 $Na_3PO_4\cdot12H_2O$	1 ~ 2 3 ~ 5 1 ~ 2
酸洗前使硫酸盐水垢、硅酸盐水垢、氧化铁垢等疏松或脱落	NaOH $Na_3PO_4\cdot12H_2O$	2 ~ 3 4 ~ 6
	NaOH Na_2CO_3 $Na_3PO_4\cdot12H_2O$ 栲胶	1 ~ 2 4 ~ 6 1 ~ 2 0.5 ~ 1.0

(3) 人工除垢

这种方法要靠人工锤、刮、铲等清除水垢，最后冲洗排尽。此方法除垢效率低、劳动强度大，随着化学清洗技术的提高，目前很少使用。

(4) 机械除垢

依靠专门的清洗工具，如带有电机、钢丝软带的电动洗管器。清除水垢的物理过程是：当转轴上的铣刀因电动机驱动与软轴一起转动时，铣刀和水垢接触，铣刀不仅随软轴转，同时也沿管壁移动，将水垢研碎研细、剥落。直径为 35 ~ 100mm 的管内水垢，均可清除。电动洗管器的规格、型号见表 8–8。

表 8–8　　电动洗管器的规格、型号

型　号	35	55	100
所洗炉管 /mm	35 ~ 55	55 ~ 90	100
软管直径 /mm	25	31	38
转轴直径 /mm	13	16	19
电动机功率 /kW	1.5	1.5	2.0
电动机转速 /(r/min)	1450	1450	1450

第 9 章　工业锅炉节能监测

9.1 概　述

工业锅炉节能监测是由政府授权的监测机构对工业锅炉用能情况进行的强制性检查，是一种执法行为。监测时采用统一规定的方法，并有明确的合格判断指标，它与热平衡不同，不对设备作出综合评价，而是通过监测某些单项性能指标作出相应的结论。

工业锅炉节能监测是促进工业锅炉节能工作开展的重要手段。

9.2 工业锅炉节能监测项目及监测方法

9.2.1 工业锅炉节能监测项目

工业锅炉节能监测要考核热效率，对排烟温度、空气系数、炉渣含碳量和炉体外表面温度进行测量。热效率可以按照企业提供的热效率资料进行考核，但企业应当提供专业测试单位所出具的测试报告。

一般情况下，每 3 年进行一次热效率测试，而在工业锅炉新安装和大修后以及进行技术改造后也要进行热效率测试。

一般每年由节能监测机构对排烟温度、空气系数、炉渣含碳量和炉体外表面温度进行一次监测。

9.2.2 节能监测方法

(1) 热效率的测试

热效率的测试按照GB/T 10180—2003《工业锅炉热工性能试验规程》进行。

(2) 排烟温度、空气系数、炉渣含碳量、炉体外表面温度的监测方法

①监测实施条件如下。

a. 锅炉监测测试应当在正常生产实际运行工况下进行。

b. 监测时间从热工况达到稳定状态下开始，监测时间不少于1h。除需化验分析以外的测试项目，每隔15min读数记录一次，取算术平均值。

c. 监测时所用的仪表应能满足测试项目的要求，仪表必须完好，并应在检定周期内，其精度不应低于2.0级。

②排烟温度的测试方法。排烟温度的测试应在工业锅炉最后一级尾部受热面后1m以内的烟道上进行，测温热电偶应插入烟道中心并保持热电偶插入处的密封。

③空气系数的测量。烟气取样应在工业锅炉最后一级尾部受热面后1m以内的烟道中心位置处，烟气取样与测温应同步进行。

④炉渣含碳量的测量。装有机械除灰渣设备的锅炉，可在出灰口处定期取样(一般每15~25min取1次)，取样应注意均匀性和代表性。

原始灰渣样数量应不少于总灰量的2%，当煤的灰分不小于40%时，原始灰渣样数量应不少于总灰量的1%，但总灰渣数量

应不少于 20kg。当总灰渣数量少于 20kg 时，应予全部取样，缩分后的灰渣样数量应不少于 2kg，1kg 送化验，1kg 封存备查。

⑤ 炉体外表面温度。炉体外表面温度测点的布置应具有代表性，一般 0.5 ~ 1m² 一个测点，取其算术平均值，在炉门、烧嘴孔、探孔等附近边距 300mm 范围内不应布置测点。

9.3 工业锅炉节能监测合格指标

工业锅炉监测合格指标分为热效率、排烟温度、空气过剩系数、炉渣含碳量、炉体外表面温度 5 项合格指标，全部监测指标同时合格可视为“节能监测合格工业锅炉”。热效率合格指标见表 9–1，排烟温度合格指标见表 9–2，空气过剩系数合格指标见表 9–3，炉渣含碳量合格指标见表 9–4，炉体外表面温度合格指标见表 9–5。

表 9–1　热效率合格指标

额定蒸发量 /MW	额定供热量 /(GJ/h)	热效率 /%
0.7	2.5	≥55
1.4	5	≥60
2.8	10	≥65
4.2	15	≥70
7	25	≥72
≥14	≥50	≥74

表 9–2　排烟温度合格指标

额定蒸发量 /MW	0.7	1.4	2.8 ~ 4.2	7	≥14
额定供热量 /(GJ/h)	2.5	5	10 ~ 15	25	≥50
排烟温度 /℃	≤250	≤220	≤200	≤180	≤160

表 9–3　**空气过剩系数合格指标**

位　　置	空气过剩系数	
	燃　煤	燃油、天然气
排烟处	≤2.4	≤1.6

表 9–4　**炉渣含碳量合格指标**

煤　　种	烟　煤	无烟煤
炉渣含碳量 /%	≤20	≤25

表 9–5　**炉体外表面温度合格指标**

位　　置	侧　面	炉　顶
炉体外表面温度 /℃	≤50	≤70

第 10 章 工业锅炉节能改造技术

10.1 概 论

在我国，工业锅炉每年耗煤量约占全国原煤产量的 1/3 左右，而从运行现状来看，我国工业锅炉的热效率一般都比较低，且热能的利用也存在较大的浪费。与日本等发达国家相比，燃料的利用率相差达 20%。我国工业锅炉的平均热效率仅为 65%，如果从煤场管理及锅炉运行入手采取相应的节能措施，那么将热效率提高到 70%是完全可能的，这是我们创建节约型社会、高效利用能源的重要一环。

10.2 工业锅炉节能改造的必要性

10.2.1 工业锅炉的现状和特点

(1) 燃料与炉型不适应

由我国的燃料政策所决定，我国工业锅炉大多以燃煤为主，燃料的发热值 Q_{dw}^{y} 在 12560.4~18840.6kJ/kg(计 3000 ~ 4500kcal/kg)之间，而有些地区的煤质是很差的，这与目前国外的情况相差很大。比如，日本燃煤工业锅炉仅占总数的 1%，美国和西欧国家也不过是 1% ~ 3%，石油危机后燃煤工业锅炉略有增加。前苏联燃煤工业锅炉较多，约占40%。

目前工业锅炉的运行现状是，供应的煤种经常变化，运行管理人员无法掌握煤质情况，摸不清运行规律。由于层燃炉对煤种的适应性较差，以前的锅炉又大多是按优质煤设计的，这就使得煤种与炉型不适应情况更为严重，有的用户新买的锅炉就得改造，耗费了许多设备投资，效果也很不理想。目前出现在市场上的高效锅炉，有的鉴定效率也往往是在燃用燃烧特性较好煤种的条件下所取得的，对煤种适应性如何尚未可知。因此，解决煤种与炉型相适应的问题、保证煤质稳定是锅炉经济运行的前提。

(2) 锅炉长期低负荷运行，负荷波动大

辽宁省工业锅炉的运行负荷远远低于额定负荷。据统计，平均运行负荷只是额定负荷的50%左右。由于锅炉的低负荷运行，一些运行参数难于控制在合理的范围内，如炉膛温度、给风率、漏风系数等。锅炉在50%负荷下运行，散热损失比在额定负荷运行时增大1倍，同时容易造成漏风量增大，火床和炉膛温度偏低，燃烧速度明显减慢，煤中的固定碳燃烧变得越加困难，可燃气体也不能迅速燃尽而排出炉外，这样就使 q_3 和 q_4 损失增大。同时由于烟气温度及流速在变化，增大了尾部受热面腐蚀与积灰堵塞的可能性。

锅炉只有在较为稳定的工况下运行，热效率及其他各项经济运行参数才能控制在较好的水平上。目前锅炉实际运行工况，负荷常在较大范围内波动。其原因有：用汽用热负荷变化较大，系统中没有加装蓄热装置，只好调整锅炉运行负荷，以满足用户需要。当外界负荷没有变化时，锅炉运行人员的不正确调整，也会使运行工况产生较大波动，如固定炉排加煤周期长，机械炉排走、停间隔时间长等。

(3) 锅炉设备本身存在较多缺陷

工业锅炉多数是层燃炉，燃烧设备存在的缺陷较多。机械炉排普遍存在漏煤量偏大的问题。特别是往复推动炉排，漏煤量往往更多，有些高达 10%～20%。目前在设计、制造上就没有很好地解决这一问题，有的结构上不先进，加工质量粗糙，组装间隙大，受热后易变形、断裂，以及管理和维护不好，这一问题更显得突出。

目前使用的锅炉有相当一部分风室间不能密封，各风室互相串风，风量调节性能极差，有的几乎无法调节。因此，很难根据火床上的各燃烧区段进行合理布风，往往是风门敞开，任其自燃。炉排与侧墙间漏风严重，锅炉横向风压分布不均衡，这些都在一定程度上影响了炉内正常燃烧。另外，锅炉后部灰坑和炉墙都有漏风现象，实测锅炉过剩空气系数 α_{py} 平均在 2～3，有的高达 4 以上，这主要是漏风所致。

有些锅炉的本体保温不好，集箱和连通管等部件常常不加保温，有的炉墙侧表面温度可达 80℃，热损失达 5%~7%。有些小锅炉的炉体根本不加保温，锅炉散热损失就更大了。

锅炉受热面积灰影响传热，尾部受热面积灰尤为严重。一些水平烟管往往有积灰堵塞现象，目前的锅炉普遍未设吹灰装置，用户又不能采取其他有效措施，造成传热情况恶化，排烟温度高。

(4) 仪表不全及自动控制水平低

目前在用锅炉配置的仪表不全，尤其缺少显示锅炉经济运行参数的仪表。由于锅炉没有装设流量表、氧量表、煤量表、温度表、风压表等测量仪表，又缺少必要的化验手段，所以不能测定蒸汽(或给水)流量、燃煤量、过剩空气系数、炉渣含碳量、排烟温度等经济运行参数。因此，运行人员在调整时，往往由于缺少数据，不能对锅炉的运行状况随时作出准确的判断，无法在锅炉的燃烧及运行工况变化时实行相应的运行调整，使锅炉处于最佳工况运行。

目前即使是机械燃烧炉排，也不能实现燃烧和负荷调整的自动控制。锅炉的自动化水平低，使锅炉运行效率的提高受到了限制。锅炉的燃烧和运行调整变得难于操作和掌握，无法使锅炉运行处于持续稳定状态和较快地适应工况的变动，并且运行人员的劳动强度也很大。

(5) 水质达不到标准要求

全省锅炉配置水处理设备的仅占 70%，可实际利用率不足 50%，大多数用户又不能根据所使用的水质选择合适的水处理设备。水质能达到国家标准要求的锅炉，还不到 40%。由于水质不好，锅炉的结垢比较严重，有的锅炉水垢厚度可达 5mm，既影响锅炉受热面传热，又危及锅炉的安全运行。

有些锅炉为了保持锅内较好的水质，常采用增大排污率的做法，有的排污率高达 20%~30%，使大量热能白白流失。

(6) 辅机配套设备偏大且效率低

许多锅炉的鼓、引风机和给水泵、循环水泵，配套偏大。即使辅机是按锅炉额定容量配置的，但由于当前锅炉多数处于低负荷运行状态，辅机不能在高效率区域运行，仍会造成较大的能源浪费。现在使用的泵与风机，不能随运行工况的变动相应地进行变速调节，而是靠挡板、阀门的节流来调节流量或压力，这样势必使设备处于高消耗、低输出的运行状态，使锅炉的自身耗能比例增加。

辽宁省锅炉辅机配套水平普遍较低。据调查，全省水泵平均效率接近 50%，风机效率接近 60%。在锅炉运行热效率不高的基础上，减少辅机的能耗，就等于增大了锅炉的净效率。

(7) 运行人员操作技术水平低

工业锅炉运行人员大部分没有经过全面系统的技术学习和培训，缺乏对锅炉基础知识的了解。运行人员不具备观察火床、火焰燃烧状态，查看煤质、烟色，判断燃烧产物、燃尽程度、过剩空气系数大小等经验性知识，尤其对有关组织燃烧调整、选择合理运行方式等规律性的东西更是不甚清楚。在当前锅炉仪表不全、自动控制水平低、煤质多变的情况下，运行人员掌握上述锅炉燃烧技术是非常重要的。

10.2.2 工业锅炉存在的问题及原因分析

由以上现状可以看出，我国工业锅炉存在着许多问题，关系到燃烧方面的主要问题有以下 4 个方面。

①热效率低，煤耗高，浪费燃料。其原因主要有以下 3 个方面：

a. 机械不完全燃烧热损失大；

b. 排烟损失；

c. 低负荷运行。

②烟尘污染环境严重。烟尘污染主要表现在以下几个方面：

a. 苯丙芘超标；

b. 一氧化碳超标；

c. 烟雾的危害；

d. 光化学烟雾的危害；

e. 飘尘的危害；

f. 温室效应的危害。

③锅炉出力不足，增减负荷迟缓。

④燃烧设备故障多，安全可靠性差。

综合起来，主要原因有如下几点：

①锅炉设计参数达不到理论要求；

②各项热损失偏大；

③煤质差，煤种杂，锅炉难适应；

④给煤方式问题降低了燃烧效率；

⑤炉膛结构影响悬浮可燃物燃烧；

⑥燃烧设备制造质量差；

⑦锅炉配套设备性能落后，质量差；

⑧工业锅炉管理滑坡。

10.3 工业锅炉节能改造新技术

根据上述工业锅炉的现状，作为我国煤炭消耗量居于首位的工业锅炉设备，通过各项整改，其效率提高空间为 10%~20%，其对应的节煤量也是巨大的。

节能技术主要包括锅炉主机结构改造和完善运行管理。其中，完善运行管理对节能改造起着事半功倍的作用，只要提高这方面的节能意识并切实实施，就会收效显著，一般来讲，其对效率提高的空间在 10%左右。锅炉主机结构改造也对锅炉节能改造发挥着很大的作用，此项改造对热效率提高的空间也在 10%左右。

10.3.1　改善锅炉运行管理

①制订相应的经济运行操作规程和管理制度。

②加强管理培训，努力提高司炉人员专业知识和水平。尤其是对本锅炉房的炉型具体操作技能的培训。

③定期化验炉渣的含碳量。

④应根据锅炉负荷和煤种确定最佳运行工况，用以指导司炉工的燃烧和运行调整。

⑤锅炉按额定负荷运行。

⑥清除受热面积灰。

⑦加强保温、堵漏风、防泄、防冒。

⑧加强进煤管理，保证进煤质量和数量。进煤要计量，要有煤质化验单，煤的发热值、挥发分、灰分、粒度等要满足锅炉用煤的要求。

⑨给煤加水。进炉的煤要保持合理的水分，质量不同的煤种混烧时，进炉前应预先混合均匀，保持煤质的稳定性。

⑩鼓、引风机和给水泵的选型节能。风机、水泵尽量选用变频调节方式。

⑪水处理设施。锅炉运行中必须配备必需的水处理设施，并定期检查受热面水侧的清洁状况。

10.3.2　锅炉主机结构改造

10.3.2.1　具有除尘功能的锅炉省煤器

本实用新型技术涉及一种锅炉用省煤器，属于换热装置。

现有的锅炉省煤器结构一般是在垂直烟道内组装有一系列的给水管，例如铸铁管和蛇形钢管等。由于它们处于烟道内，表面容易积灰，不但影响省煤器的传热效果，而且还会造成堵灰，引起通风阻力增大，锅炉引风机不能正常工作，锅炉热效率下降。已有技术的省煤器没有自动除尘功能，而清除灰尘需要拆装省煤器，其劳动强度很大。

本技术的目的是：提供一种具有除尘功能的锅炉省煤器，可使对流受热面低尘污染，从而提高省煤器的换热效果，减少除尘工作量。

这种实用新型的专利技术名为“具有除尘功能的锅炉省煤器”，其技术特征在于：烟尘分离管在给水管中通过，烟尘分离管内，前端安装有烟尘导流件，后端套装有排气管，排气管出口与烟道连通，排气管与烟尘分离管之间的管壁缝隙与灰斗连通，给水管内设有隔水板。

本技术的省煤器是将除尘和传热有机地结合在一起，即烟尘分离管的管壁就是对流受热面，它具有双重作用。当锅炉的烟尘通过烟尘分离管前端的导流件时，烟尘变成旋转流动，转动的离心力将烟尘中的粉尘甩至管壁，形成粉尘高浓度层，并沿管壁螺旋向前，经管壁缝隙进入灰斗，经过除尘的烟气，经排气管进入烟道。因为烟尘旋转流动，因此具有冲刷管内壁和自动除尘功能，使管壁不积灰，低尘污染，管壁导热系数提高。

这种锅炉省煤器具有如下优点：①省钢材；②更环保；③耐酸腐蚀。

10.3.2.2 相变换热锅炉

蒸汽与低于饱和温度的壁面接触时，将汽化潜热释放给固体壁面，并在壁面上形成凝结热的过程，称为凝结换热现象。凝结换热可分为膜状凝结和珠状凝结。

(1) 相变锅炉凝结换热机理概述

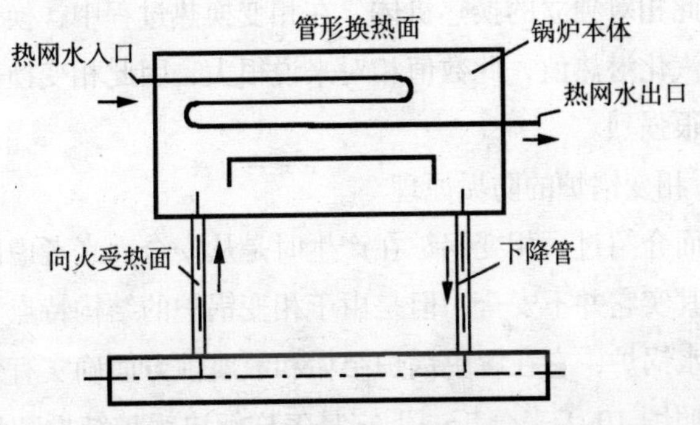

图 10–1　相变锅炉原理简图

从图 10–1 可以看出，在锅炉本体内布置有一组管形换热面，锅炉本体内盛装的是一定体积的换热工质，在管形换热面内流过的则是热网的循环水。当锅炉本体内的换热工质向火受热面吸收火焰的热能后，温度上升，汽化并且分离到汽空间，充分接触。由于换热工质的饱和温度要高于热网循环水的最高温度，所以当热网循环水流过管形受热面时，势必要吸收饱和换热工质的热能，温度升高，同时饱和换热工质释放出汽化潜热，发生冷凝相变。冷凝后的换热工质由下降管流到向火受热面重新吸热汽化，重复上述的换热过程。热网循环水就源源不断地把锅炉吸收到的热能输送出去。

由上述换热过程可以看出：锅炉本体内的换热工质的体积是一个定值，它不随换热过程的进行而增加或减少。也就是说，锅炉可以与外界隔离，不需要补充工质的量。另外，工质在换热时，明显伴随有状态的改变，也就是物相的变化。因此可以给相变锅炉下一个这样的定义，就是锅炉本体内的工质向热网循环水传递热能时以相变换热为主要方式的一种锅炉，它与热网系统是两个彼此相对独立的换热机体。在相变换热过程中，换热工质释放的是汽化潜热值，此数值相对来说很大，因此相变换热效率很高，也很强烈。

(2) 相变锅炉的防垢原理

上面介绍过，相变锅炉在产生时是从安全因素考虑的，可后来发现其实它并不安全。但是由于相变锅炉的结构特点不同于常规的热水锅炉，它在解决锅炉结垢和氧腐蚀方面确实有效。下面可以参照图 10-1 来分析一下它是怎样解决锅炉结垢和氧腐蚀问题的。

相变锅炉在运行中既不需要补充工质，也不与热网循环水直接接触，无论外界的情况怎样，都能够充分保证本体内的换热工质洁净，不含有可结水垢的成分，同时换热工质处于饱和状态，因此可以避免结垢和氧腐蚀现象的发生，起到保护锅炉的作用。这就是相变锅炉防垢、防氧腐蚀的原理。

10.3.2.3 层燃锅炉改成循环流化床锅炉

循环流化床锅炉是煤粉在炉膛内循环流化燃烧，所以，它的热效率比层燃锅炉高 15%~20%，而且可以燃用劣质煤；由于可以使用石灰石粉在炉内脱硫，所以，不但可以大大减少燃煤锅炉酸雨气体 SO_2 的排放量，而且其灰渣可直接生产建筑材料。这种改造已有不少成功案例，但它的改造投资较高，约为购置新炉费用的 70%，所以，要慎重决策。

10.3.2.4 燃烧节能

①炉拱。工业锅炉的炉拱是十分重要的。炉拱的作用在于促进炉膛中气体的混合以及组织辐射和炽热烟气的流动，使燃料及

时着火燃烧。而目前工业锅炉的实际用汽量与其额定负荷往往不匹配，使用的煤种变化较大，而且往往与设计煤种有较大的差异，因此在实际使用中，通常要对炉拱进行必要的改造以适应煤种的需要。

②合理的送风与调节。根据不同燃烧区段所需风量不同进行合理配风。

③采用二次风。

④均匀分层燃烧。

a. 链条炉分层燃烧技术。链条炉分层燃烧技术作为强化燃烧、提高燃烧效率的燃烧技术，包括机械分层和气力分层 2 种分层方式。机械分层是利用机械装置将燃煤按粒径大小分离进入炉排，大颗粒在下，小颗粒在上，有利于着火和底层大块煤引燃。气力分层是在炉排前面下方靠近煤闸门处设置独立风室，维持的风压可使炉排面上的煤层发生“沸腾”现象。“沸腾”后的煤层形成极为整齐的分层现象。底层为最大煤块，向上逐渐减小，表面为煤粉，粉末则被吹到炉室燃烧空间。

b. 分层燃烧的优点。分层给煤装置与均匀分层燃烧技术具有节能与环保的双重效益。

均匀分层燃烧技术具有以下 5 方面的特点。

a. 用均匀给煤技术解决煤仓颗粒不均，导致炉排上煤层横断面颗粒不均匀影响燃烧的问题。

b. 用均匀分层给煤技术，使煤层颗粒不但按下大上小逐级均匀分层排列，而且分层煤层任何横断面上的分层颗粒一致。均匀分层煤层不但通风阻力小，透气性好，供氧充足，而且煤颗粒的均匀分层分布特点符合煤氧化燃烧的特点，因而大大提高了煤的燃烧效率。该技术从根本上解决了原始密实煤层通风不良缺氧燃烧的问题。

c. 使煤层上面小颗粒的煤层在火床上跳跃起来半沸腾燃烧。

d. 使煤中的煤粉在火床上方空间，类似沸腾炉悬浮燃烧。

e. 燃烧温度均匀一致，消除了局部温度高，烧毁炉排侧密封件、老鹰铁和炉排膨胀不均造成的故障。

⑤预热空气。为了提高炉内温度，工业锅炉应设置空气预热器，加热助燃空气，这样既有利于提高炉内温度，强化燃烧，减少不完全燃烧热损失，同时也使烟气余热得到了充分利用，减少了排烟热损失，这两个方面都使锅炉的热效率得到提高。

⑥实现燃烧自动调节。在锅炉运行中，为适应锅炉负荷变化，常需要进行必要的燃烧调整。如在链条锅炉中常需要进行煤层厚度、分段送风、炉排速度、二次风量和过剩空气系数的调整。锅炉的燃烧好坏与运行操作技术有很大的关系。为了减少由于操作不当对燃烧的影响，便于迅速地根据负荷变化进行燃烧调整，提高锅炉的热效率，只有实现燃烧自动调节。

燃烧自动调节一般以蒸汽压力为调节参数，根据蒸汽压力的高低来调节炉排速度及送风和引风量。实现燃烧自动调节，可以根据锅炉负荷变化及时进行燃烧调整，从而有效地提高锅炉热效率。

在引进技术中，锅炉计算机自动控制方面都有不同程度的提高，一台 20t/h 燃煤锅炉，煤风配比能按蒸汽负荷的变化进行自动调节，节煤效果显著，每天可节煤 4t 左右，锅炉热效率比原来手工操作提高 5%以上；同时，由于鼓风量、引风量大小均随蒸汽负荷而变化，鼓风机和引风机的耗电量也随之变化，运行电耗也降低了。

在中小型工业锅炉的尾部安装热管省煤器和热管空预器，可充分利用烟气余热，提高锅炉的出力和热效率。热管的传热量大，等温性能好，可以充分翅化，热管空气预热器的体积仅为管式空预器的 1/3 ~ 1/4 左右，且烟气阻力小，采用烟道分隔挡板提高局部流速，又可实现吹灰自洁，不会积灰堵塞。安装热管空气预热器后，由于空气温度提高，不仅有利于提高炉膛温度，而且锅炉出力可以提高 10% ~ 15%。安装热管省煤器，可利用高位保温热水箱，使给水的连续加热与锅炉的间断进水无关，且水侧有透气孔开口保护，避免汽化和升压。加之有法兰盖板便于清洗检查，烟气侧又可实现自吹灰，因而克服了铸铁省煤器的管内易汽化、易结垢，管外易积灰、易堵塞、易泄漏以及进水时汽压波动大等缺点，确保了锅炉的进水可靠，提高了供气质量，故特别适用于 10t/h 以下没有除氧热水箱的锅炉。

⑦分段多形给煤装置。主要特点如下。

a. 在炉排上变化给煤层次功能。由于燃烧方式是层燃，上部煤层燃烧后形成灰渣覆盖层，覆盖在未充分燃烧的煤层上部，随着燃烧所积灰渣加厚，造成底部煤层辐射热及供风不足而燃烧不充分，这是链条锅炉层燃方式存在的问题和缺点。对变层、多煤形给煤技术，打一个形象的比喻：就像东北点家用燃煤小炉子，底部堆放劈柴，劈柴上部放块煤，块煤上部放末煤并加水搅拌，这样燃烧效果就特别好。根据这个原理，在块煤层底部铺上一层末煤，起到了劈柴的作用。其燃烧基理概括为：变层分段多煤形给煤装置。具有变换多种给煤层次的功能，在燃烧低热值燃煤时，基于正转链条锅炉末煤易燃的特点，通过调整变层机构，可将煤层变换为末煤—大块煤—颗粒煤—末煤的布煤层次。煤层底部末煤进入炉膛预燃区后迅速起燃，提高了底部煤层温度，引燃块煤，被引燃的块煤运行到主燃区后充分燃烧，彻底解决了前几代给煤技术中底部块煤层因受低温助燃风影响，时有块煤不燃烧或出现黑煤层现象等技术难题。

b. 在炉排上分段布置不同厚度的煤层。正转链条锅炉，沿锅炉纵向依次排列 5~7 个风室，调整各纵向风进给量，但在实际运行中，横向布风则无法得到有效控制。横向布风不均匀，在横向燃烧易产生参差不齐。因炉排横断面布风不均匀，易出现局部火口、风口，末煤及灰渣在火口处过量风的作用下，易产生翻垄起堆现象，起垄部分煤层因缺氧而燃烧不尽。布风的不均衡，还使煤层易产生条状燃烧，致使灰渣含碳量高。针对上述因横向布风不均匀的技术问题，“变层分段多煤形给煤装置”采用多段控制给煤量闸板，根据炉排横向区段助燃风的状态，分段布置不同厚度的煤层，即助燃风强的区段煤层则厚，助燃区风弱的区段煤层则薄，均衡了布风。燃煤进入炉膛后，起燃点呈直线状燃烧，也杜绝了燃煤起火点参差不齐的现象，做到了“止燃点断火齐整，火床尾部无明火”。同时关闭止火点后部风室，有效地控制了进入炉膛内的冷风量，提高了炉膛温度，确保煤层沿炉排横向燃烧时间的一致，达到了最佳燃烧效果。

c. 在炉排上布置多种煤形的功能。变层分段多煤形给煤装置具有在炉排上布置出分层煤形、分段煤形、垫层煤形和复合式煤形及波峰波谷式煤形的功能。根据锅炉燃烧及所燃用煤种的差异，调整组合式筛分系统，将多种不同煤形在炉排上最佳排列，使煤层充分燃烧。波峰波谷布煤方式，波浪状煤层展开面积，等于增加了炉排宽度的 20%，加大了燃烧面，其波峰波谷的间距及落差均可根据锅炉燃烧状况进行调整。在燃烧过程中，炉排上形成均匀有序的多道火口。整个炉排面上都是火口燃烧，则不存在局部火口现象。伴随着波谷处燃煤充分燃烧，将波峰下部的块煤引燃，火焰从底部煤层向上呈半沸腾燃烧，类似往复锅炉煤层搅动式燃烧，将波峰下部的块煤引燃，随着煤层底部的充分燃烧，波峰上部灰渣塌落至波谷，避免了灰渣覆盖在煤层上部。它以自下而上的搅动式燃烧，完全改变了链条锅炉自上而下的层燃方式。

10.3.2.5　蒸汽锅炉改装成热水锅炉

(1) 热水供暖的优点

目前，热水供暖的优点逐渐被人们所认识，尤其采用高温水供暖使初投资减少，收益显著。

热水供暖与蒸汽供暖相比，具有以下突出的优点。

①热水供暖可以节约大量燃料，因为它没有凝结水和二次蒸发损失。以蒸汽供暖为例，如供热蒸汽压力为 0.7MPa，给水温度为 105℃，则饱和蒸汽焓 i''=2767kJ/kg，饱和水焓为 i'=716.38 kJ/kg；如压力降到大气压力，则此疏水的焓为 415.13kJ/kg；当疏水弃之不用，以 20℃冷水作为锅炉给水，则凝结水损失占有效热量的 15.5%。当由 0.7MPa 压力下的饱和水压力降到大气压力时，水中多余的焓造成二次蒸发，生成的蒸汽常常不回收，造成二次蒸发损失，它约占 14.7%；当锅炉工作压力为 0.4MPa 时，其凝结水损失为 15.6%，二次蒸发损失为 9.5%；当锅炉工作压力为1.6MPa 时，其凝结水损失为 15.3%，二次蒸发损失为 19%。上面数据说明，采用蒸汽供暖时，凝结水的热量占有效热量的

15%左右，如弃之不用，其热量就损失 15%，二次蒸发损失很难避免，随着锅炉工作压力的提高，其损失值将加大。为此，当凝结水回收时，其热量损失也达 20%左右，而凝结水不回收，则热量损失更大，达 30%以上。

上述损失是指有效热量的损失，如考虑锅炉效率，实际损耗的燃料量还要加大。

其次，热水供暖管道散热损失小。原因是管径较小，散热面积少。另外，供热的水温与环境温差也小。蒸汽供暖管道漏气损失较大。据资料介绍，有的可达 15%~20%。造成损失的原因是管理不善，因为蒸汽泄漏不影响锅炉运行，只是损失加大。而对于热水供暖系统，漏水将严重影响锅炉和系统的运行，发现漏水要立即采取措施，所以热水供暖系统中不允许管路的严重漏泄。

蒸汽锅炉需要连续和定期排污，此时造成工质和热量损失，而热水锅炉只需少量的定期排污。

热水供暖可根据室外环境温度的变化，灵活地对热水进行质、量的调节，达到既节约燃料又保证供热质量的要求。

综上所述，采用热水供暖，尤其高温水供暖，同蒸汽供暖相比，可以节约燃料 20%~40%。

②高温水供暖系统的维修费用比蒸汽供暖系统低。

③热水供暖供热半径大，可达几十千米，而蒸汽供暖受管道阻力损失限制，一般仅为 2 ~ 3km。

④高温水供暖适合于区域性供热事业的发展，而采用区域性集中供热不仅可以节约大量燃料，又可减少锅炉对大气环境的污染。

⑵ 蒸汽锅炉改装热水锅炉的途径

①改成自然循环热水锅炉；

②改为强制循环热水锅炉；

③改为相变热水锅炉。

10.4 节能改造实例

10.4.1 旋流换热改造

(1) 锅炉型号

锅炉型号为 QXL58-1.6/150/90-AⅡ。

(2) 改造前锅炉系统能耗状况

锅炉改造前，运行排烟温度一直在 190℃左右，实测锅炉热效率在 70%左右。

数据显示，该锅炉年度平均每年的耗煤量在 19000t 左右，每年耗电量为 180×10^4kW·h，供暖期耗水量为每日 70t。

从 58MW 热水锅炉的煤、水、电能耗状况可以看出，该锅炉在节能改造方面有很大的节能潜力。

(3) 问题分析

①锅炉热效率低，在很大程度上是由于排烟温度太高，排烟热损失较大。

②目前在用锅炉配置的仪表不全，尤其缺少显示锅炉经济运行参数的仪表。由于锅炉没有装设流量表、氧量表、煤量表、风压表等测量仪表，又缺少必要的化验手段，所以不能测定流量、燃煤量、过剩空气系数、炉渣含碳量、排烟温度等经济运行参数。因此，运行人员在调整时，往往由于缺少数据，不能对锅炉的运行状况随时作出准确的判断，无法在锅炉的燃烧及运行工况

变化时实行相应的运行调整，不能使锅炉处于最佳工况运行。

③辅机运行效率低，鼓、引风机和循环水泵长期在较低效率下运行。泵与风机不能随运行工况变速调节，而是靠挡板、阀门的节流来调节流量或压力，这样势必使设备处于高消耗、低输出的运行状态，使锅炉的自身耗能比例增加。

④运行人员操作技术水平低。大部分工业锅炉运行人员没有经过全面系统的技术学习和培训，缺乏对锅炉基础知识的了解。运行人员不具备观察火床、火焰燃烧状态，查看煤质、烟色，判断燃烧产物、过剩空气系数大小等知识和技能，尤其对组织燃烧调整、选择合理运行方式等规律性的知识了解更少。

(4) 制订改造方案

①在锅炉尾部加装新型除尘省煤器。

本技术的省煤器是将除尘和传热有机地结合在一起，即烟尘分离管的管壁就是对流受热面，它具有双重作用。当锅炉的烟尘通过烟尘分离管前端的导流件时，烟尘变成旋转流动，转动的离心力将烟尘中的粉尘甩至管壁，形成粉尘高浓度层，并沿管壁螺旋向前，经管壁缝隙进入灰斗，经过除尘的烟气，经排气管进入烟道。由于烟尘旋转流动，因此具有冲刷管内壁和自动除尘功能，使管壁不积灰，低尘污染，管壁导热系数提高。

此项整改提高效率约为5%。

②完善运行管理系统。在锅炉本体、辅机和输配系统上应配置进出口水温表、流量表、排烟温度表、炉膛压力表、氧量表等测量仪表，用以监视和调整锅炉的燃烧及运行情况，以指示司炉工运行调整，使锅炉系统处于最佳运行状态。

提高锅炉的自动控制可以最大限度地降低由于人为因素造成

的锅炉效率的降低。

辅机采用变频调节装置，实行变负荷运行。

此项整改提高效率约为 5%。

10.4.2　快装锅炉节能改造

本书第 2.6.3 节介绍了快装锅炉 DZL4–1.25AⅡ型蒸汽锅炉，在运行中发现快装锅炉存在设计和结构上的一些弱点，这些问题主要表现在热工和安全 2 方面。

(1) 热效率、出力双低

①燃用劣质烟煤及贫煤不起火，煤种适应范围太小，造成有时侧投煤；

②灰渣含碳量高，难使燃料燃尽；

③火床偏烧，烟气跑偏，水冷壁和锅筒受热不均匀；

④炉膛温度偏低，达不到 950℃，燃烧工况不稳定；

⑤过剩空气系数偏高，漏风严重；

⑥往往正压运行，烧坏煤闸门及炉门，有时煤斗起火、烧坏；

⑦排烟黑度偏高，尤其烧优质烟煤冒黑烟严重，污染环境；

⑧一般前拱采用铸铁骨架、用小块异形耐火砖吊挂成型，易脱落、断裂；

⑨高负荷时蒸汽带水严重；

⑩出力低；

⑪ 热效率低，平均效率在 55%左右，比设计效率低 20%左右。

(2) 锅炉本体安全运行寿命短

①锅筒后管板与烟火管焊口龟裂问题成为快装锅炉一大积弊，运行五六年即发生，重焊后寿命更短，三五年即反复发生，最后需全部更换管板与烟管，浪费钢材，影响安全运行。

②锅筒下部容易过热而发生鼓包或裂纹现象。

快装锅炉上述问题的存在，一方面是由管理和操作运行失当造成的，这方面有专门的文章阐述；另一方面是由设计和结构布置上的偏离实际造成的。具体分析如下。

①水冷度过大。由于快装的要求，炉膛高度低，在热力计算中对炉膛温度、炉膛容积热负荷估算的理论值过高，实际往往达不到，所以推荐的水冷度值0.4~0.7过大。这样就造成快装锅炉不能烧次煤的结果。

改造办法是：通过加装卫燃带把水冷度降下来，与符合实际运行工况需要的拱型相配合，在0.2~0.4之间为好。

②炉拱过小。4t/h快装锅炉前拱覆盖炉排长度910mm左右，后拱540mm左右，燃用Ⅲ类烟煤连续运行前提下尚可及时着火、稳定燃烧，但负荷大时也容易出现烧坏煤闸板、烧坏炉门、冒黑烟、灰渣含碳量偏高等现象；若燃用Ⅱ类以下劣质烟煤或贫煤、褐煤，就完全不能适应了，造成断火、侧投煤、燃烧工况不稳定、灰渣含碳量剧增、效率出力大为降低的结果。

改造方向：适当加大炉拱覆盖率。

③拱型不合理。前拱起不到及时引燃作用，后拱不能使灰渣含碳燃尽，前后拱间喉口尺寸过大，组织不起有效的空气动力场，烟火与空气不能充分混合，既不能保持火床及时、稳定地燃烧，又不能把烟气中的可燃物燃尽，炉膛温度达不到热工要求，排烟黑度、烟尘浓度也难达到环保规定标准；而且，烟窗与后拱

上布置分烟墙也将造成烟火跑偏。此外，拱架的铸铁材质与拱砖的受热线胀系数差异很大，是炉拱寿命不长的主要原因。

改造方向：采用国内先进的燃煤机械炉排炉拱设计方法和无骨架砌拱施工法。

④风室结构、布置不合理。为达到链条炉纵向分段、横向均匀配风，必须对现有分室风仓、进风方式进行改造。

⑤风机不可调速。送引风机一般转速不可调，调整风量、风压只靠节流阀挡板，很不科学。高负荷时，挡板全开也不够；低负荷时，全关挡板也会造成过剩空气系数值偏大。

改造方向：采用双速节能型送引风机，最好采用变频器，达到节能目标且可以无级调速。

⑥受热面积略小。

⑦炉排长度略小。

⑧侧密封块密封性差，易烧损。原来 DZL4 型锅炉侧密封铸铁块间隙较大，漏风比较严重，主燃区火床两侧的密封块易于烧损。

改造方向：改善侧密封块结构和材质，增加风冷却面积，并在密封块间浇注高温密封涂料，采取加强全炉密封的措施，以减少锅炉漏风系数超标现象。

通过改善管理及技术改进，原锅炉热效率由原来的 68%提高到了 76%。

10.4.3　分段多形给煤装置设备的改造

由于近几年原煤涨价的幅度较大，而且煤源紧缺，所以燃用劣质煤的燃烧方式较受欢迎。

浑南热力有限公司现改造了 2 台 QXL64–1.6/150/90–AⅡ型热水锅炉的燃烧设备为分段多形给煤装置，该新型给煤装置具有升温快、炉渣含碳量低等特点。

据初步统计，此装置可以降低鼓引风量 20%，节电 15%~20%，节煤 8%~15%。

10.4.4 煤种发生改变时改变炉拱形状

锅炉型号：SZL4–1.3–AⅡ。

由于煤炭涨价，使用煤种发生变更，由原Ⅱ类烟煤改为烧贫煤。

贫煤的特性是着火难，燃尽难，为了解决这一问题，对炉拱加以改造。方法是把原来高而短的后拱改为低而长的后拱，延长高温烟气在主燃区的滞留时间，减少炉膛的辐射散热，提高炉膛温度，缩短引燃时间，提高燃烧反应速度，延长燃烧时间，提高燃烧效率，降低炉渣含碳量，从而提高锅炉效率。表 10–1 为改造前后拱形对比表，图 10–2 为改造后图。

经过改造后的炉拱，在实际运行中观测发现，改造效果良好，燃料入炉后距煤闸板 0.3m 处着火，火床燃烧强烈，火焰充满度好，旋转强烈。由于后拱加长，拱间形成的喉口间距由原来的 1.2m 左右缩小到 0.6m，加强了该处的气流扰动混合，重新组织了气流，强化了炉内燃烧，使炉膛温度达到 1400℃以上，改善了燃料的着火条件。煤着火点的提前，炉膛温度的提高，使灰渣含碳量明显减少。烟气的旋流混合又加强了烟气中焦炭粒子的分离，使之落在火床上和新燃料层进一步燃尽。强烈的烟气旋流还使烟气中的 CO，H_2，CH_4 等可燃气体充分燃烧，从而将锅炉的

表 10-1　改造前后对比表

项　目	改造前	改造后
前拱前部平直段尺寸（长 × 宽）/(mm × mm)	300 × 200	300 × 200
前拱出口高度 /mm	750	750
前拱长度 /mm	750	750
前拱覆盖比例 /%	20.8	20.8
后拱后部高度 /mm	530	530
后拱出口高度 /mm	1100	900
后拱长度 /mm	1650	2250
后拱覆盖比例 /%	45.8	62.5
前后拱总覆盖比例 /%	66.6	83.3
着火点距煤闸板距离 /mm	600~800	200~250
连续燃烧情况	可连续燃烧	可连续燃烧
炉膛主燃区位置	第三、四风室上部	第二、三风室上部
炉膛主燃区温度 /℃	1100~1200	1300~1400
炉渣含碳量 /%	25~30	5~8

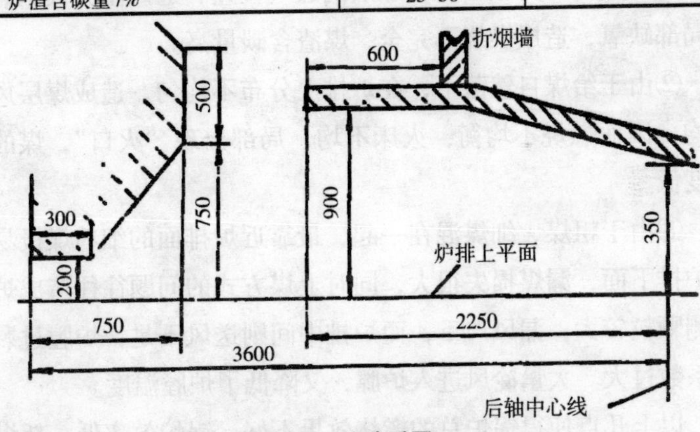

图 10-2　改造后图

热效率提高了 4%以上，同时也提高了锅炉出力，满足了生产用汽的需要，减轻了环境污染，扩大了燃煤品种的适应范围。

10.4.5　相变锅炉改造

本书第 2.6.4 节介绍的 SHL35-1.6-AⅡ型蒸汽锅炉经过相变

改造后成为相变锅炉。

经过改造后，由于锅炉系统不存在排污问题，并且受热面不结垢，影响热效率的水侧传热因素可以忽略不计，仅从失水量及节煤量两项的效益来看就是非常可观的。

10.4.6　分层给煤装置的应用

煤是原煤，粗的颗粒和细的煤粉混合在一起，给煤方式是依靠煤的重力自然下落，在煤仓里经溜煤管进入煤斗，由煤闸板控制煤层高度，从煤闸板下挤压进炉膛。这样，就会存在如下问题。

①煤被挤压得很密实，煤层的透气性差，通风阻力大，燃烧时局部缺氧，造成燃烧不完全，煤渣含碳量高。

②由于给煤自然落下，在炉排上分布不均匀，造成煤层风量不均，因而燃烧不均衡，火床不均，局部出现“火口”，煤的燃尽度低。

③由于粗煤、细煤混在一起，最靠近炉排面的细粉煤极易漏到炉排下面，漏煤损失很大，同时上煤方式的问题往往造成炉排两侧颗粒较大，漏风严重，而炉排中间则送风不足，炉膛过剩空气系数过大。大量冷风进入炉膛，又降低了炉膛温度。

以上几点使得锅炉总的燃烧效果不好，锅炉效率低，耗煤量大，排烟含尘最大，因此提出了分层燃烧以解决这些问题。